느리고
서툰 아이
몸놀이가
정답이다

느리고
서툰 아이

두뇌와 감각이 자라는
하루 30분
몸놀이의 기적

몸놀이가
정답이다

터치아이 대표
김승언 지음

서사원

자폐, 발달장애 최고 전문가가
아이들과 매일 몸놀이 하는 이유

저의 걸음과 상관없이 지나가는 수많은 인파 속에 이름도, 나이도 모르는 작고 앳된 어린아이가 보입니다. 제 시선은 아이에게 꽂힙니다. 미소가 절로 나옵니다. 아이만 보면 자연스럽게 눈웃음 짓는 제 모습을 보면서 아이를 만나는 일이 역시 제 천직이라는 것을 느낍니다.

저는 아이들을 만나면 다가가 쓰다듬고, 토닥거려 주었습니다. "간질간질 두구두구두구 잡으러 간다!" 손을 뻗쳐 다가가며 요란스럽게 잡기 놀이를 했습니다. 비행기도 태워 주고, 손을 잡고 룰루랄라 흔들었습니다. 아이들은 하하 호호 웃으며 즐거워했습니다. 두 눈은 초롱초롱 빛났고, 얼굴에는 호기심과 흥미가 가득했습니다. 아이들과 신나고 즐겁게 노는 것은 언제나 자신 있었습니다. 아이들과 놀다 보면 계속 더 놀고 싶어졌습니다.

그런데 치료가 필요해서 저에게 찾아오는 아이들은 뭔가 달랐습니다. 반가운 마음에 활짝 웃으며 다가가는 저를 경계했습니다. 제가 쳐다보든지, 웃든지 상관없이 눈길도 주지 않았습니다. 사랑스러워서 좀 안아 주려고 하면 좀비라도 만난 것처럼 자지러지게 소리 질렀습니다. 또 어떤 아이는 안아 들어도 인형처럼 반응이 없었습니다.

'이 아이들은 왜 그런 걸까? 대체 무엇 때문일까?' 고민하고 연구하며 이 길을 걷다 보니 20년이 흘렀습니다. 그리고 저는 어느새 발달장애, 자폐증 전문가가 되었습니다. 말이 늦고 사람에게 관심이 없는 아이들, 감각 발달에 문제가 있고 상동행동(행동 양식이 일정하고 규칙적으로 반복되는 행동 가운데 목적이나 기능이 확실하지 않은 행동)을 하는 아이들과 끊임없이 마주했습니다.

'왜 발달이 늦는 걸까?'
'왜 사람에게 관심이 없는 걸까?'
'왜 감각 반응이 다른 걸까?'

이런 고민을 하며 아이들에게 다가갔습니다. 그리고 아이의 몸을 제 몸으로 감싸 안았습니다. 같이 움직이고 뒹굴었습니다. 계속 몸으로 놀아 주었습니다. 몸놀이를 하면 할수록 함께하는 아이들이 변화를 보이고 좋아지기 시작했습니다. 몸놀이가 아이 발달 문제의 원인과 해결 방법을 가르쳐 주었습니다.

3년 전 《아이의 모든 것은 몸에서 시작된다》를 출간한 이후 많은 분께 관심을 받았습니다. 제 책을 읽은 독자분들이 아이와 몸놀이를 하기 시작했고, 몸놀이 하면서 아이의 변화를 목격한 분들이 주위에 소문을 내기 시작했습니다. 요즘은 몸놀이를 통해 누가 더 어떻게 좋아졌는지 앞다투어 자랑하기도 합니다. 부모님들은 아이가 좋아지니 몸놀이를 더 잘하고 싶고, 제대로 하고 싶은 열정이 타오릅니다. 그 모습에 저도 함께 가슴이 뜨거워졌습니다. 그래서 이 책을 쓰게 되었습니다.

이 책은 몸놀이의 원리보다 '아이랑 어떻게 몸놀이를 해야 하지?'라는 부모님들의 실질적인 궁금증을 해결해 드리는 것에 초점을 두었습니다. 아이의 특성에 맞는 몸놀이를 소개하고, 30분 동안 어떤 흐름으로 몸놀이를 진행해야 하는지 구체적인 정보를 드리고자 합니다.

우리 아이가 건강하게 성장하길 바라시나요? 그렇다면 지금 당장 아이의 몸을 안으세요. 그리고 몸놀이를 시작하세요. 아이의 생각이 커지고, 마음이 풍성해지는 것을 여러분의 가슴으로 느껴 보세요. 아이의 성장과 발전된 모습을 눈으로 확인하고, 아이의 건강한 웃음소리와 쫑알쫑알 말소리를 귀로 듣게 될 것입니다.

몸놀이를 하며 서로 돕는 과정에서 부모와 아이 모두 성장합니다. 부모와 아이 모두 더 행복해질 수 있습니다. 아이와의 몸놀이

느리고 서툰 아이 몸놀이가 정답이다

를 통한 적극적인 상호 작용은 아이의 성장과 발달에 큰 밑거름이 될 것입니다. 부모와 아이에게 최고이자 최선인 몸놀이! 지금 바로 시작해 볼까요?

차례

우리 아이 몸놀이 대백과

Chapter 1

우리 아이에게
몸놀이가 필요한 이유

최첨단 기술의 시대,
증가하는 발달장애 아이들

우리는 매일 새로운 기술이 등장하는 시대에 살고 있습니다. 화면을 반으로 접는 스마트폰이 흔해졌고, 청소와 장보기, 보육을 해주는 AI(인공지능)와 로봇은 우리 일상을 혁신하고 있습니다. 그렇다면 최첨단 시대를 살아가는 우리 아이들의 발달도 그만큼 빨라졌을까요?

· 발달장애

· 자폐증

· 언어지연, 언어장애

· ADHDAttention Deficit Hyperactivity Disorder(주의력 결핍/과잉 행동 장애)

- 품행장애
- 사회성 결여

예상과 달리 이와 같은 발달 문제를 겪는 아이들은 계속 증가하고 있으며, 아동 상담 및 문의 요청은 예약을 더 받지 못할 만큼 밀려들고 있습니다.

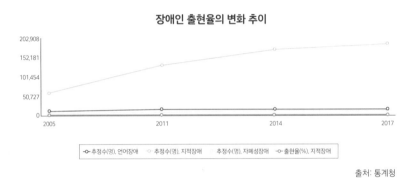

장애인 출현율의 변화 추이

출처: 통계청

일반 어린이집, 유치원 수는 줄고 있지만 장애 통합반을 운영하는 어린이집, 유치원은 늘고 있으며 장애 통합반에 등원 신청하는 아이들도 계속 증가하고 있습니다. 특히 특수학교나 장애 아동 전문 어린이집, 복지관의 수요는 갈수록 증가하고 있습니다. 장애 아동 전문 어린이집에 입소하려면 기약 없이 기다려야 합니다. 번화가에 위치한 상가마다 언어 치료 센터, 발달 센터가 들어서고 아동의 발달 지연은 대중에게 점점 익숙해지고 있습니다. 정부에서 치료비로 지원해 주는 발달 재활 서비스 바우처는 각 시마다 예산이

턱없이 부족해 수요를 감당하지 못한다고 합니다.

결혼율과 출산율은 계속 감소해 사회 문제로 대두된 지 오래고, 아이를 낳아도 하나 또는 둘밖에 낳지 않는 사정이 내부분입니다. 아이들 수는 줄고 있는데 자폐, 발달장애 아동은 점점 더 많아지고 있습니다. 현대 사회는 매우 빠르게 발전하고 있는데 발달 문제를 겪는 아이는 왜 증가하는 걸까요?

느리고 서툰 아이 몸놀이가 정답이다

발달 재활 서비스 바우처란?

TIP

정부에서는 성장기 정신적·감각적 장애 아동의 인지, 의사소통, 적응행동, 감각·운동 등의 기능 향상과 행동 발달을 위한 발달 재활 서비스를 지원하고 있습니다.

· 서비스 내용

언어·청능聽能, 미술·음악, 행동·놀이·심리, 감각·운동 등 발달 재활 서비스 제공

· 서비스 가격(정부 지원금 및 본인 부담금)

소득 수준	바우처 지원액	본인 부담금
기초생활수급자(다형)	월 22만 원	면제
차상위 계층(가형)	월 20만 원	2만 원
차상위 계층 초과~ 기준중위소득 65% 이하(나형)	월 18만 원	4만 원
기준중위소득 65% 초과~ 120% 이하(라형)	월 16만 원	6만 원
기준중위소득 120% 초과~ 180% 이하(마형)	월 14만 원	8만 원

* 서비스 단가는 월 8회(주 2회), 회당 27,500원으로 하는 것을 기준으로 하되, 시·군·구에서 제공기관 지정 시 해당 지역의 시장 가격, 전년도 바우처 가격, 타 지역 가격, 제공 인력의 자격 및 경력 등을 고려하여 적정 단가를 설정할 수 있음

· 서비스 신청

- 신청권자: 본인, 부모 또는 가구원, 대리인, 복지 담당 공무원이 직권으로 신청 가능
- 신청서 제출 장소: 서비스 대상자의 주민등록상 주소지 읍·면·동 주민센터
- 신청 기간: 연중 신청 가능(단, 매월 27일 18:00까지 시·군·구에서 한국사회보장정보원으로 대상자 선정 결과가 전송된 경우에 한해 익월 바우처 생성)
* 자세한 내용은 사회서비스 전자바우처(https://www.socialservice.or.kr:444)에서 확인 가능

고독하게 성장하는
요즘 아이들

요즘은 할머니와 할아버지, 형제자매들과 북적북적 부대끼며 사는 가족의 모습을 찾아보기 어렵습니다. 어린아이를 둔 가정의 모습은 어떤가요? 집에서 엄마와 단둘이 장난감을 가지고 놀거나 스마트폰, 책을 봅니다. 아빠의 귀가는 늦고, 아이와 온종일 보내야 하는 엄마의 하루는 길고 험난합니다. 독박 육아로 지치고 힘든 엄마는 우울감에 자기 자신조차 돌보기 버겁습니다. 부모가 맞벌이 부부라면 아이들은 할머니 또는 도우미와 함께 시간을 보내게 되는데 이때 TV, 태블릿, 스마트폰이 친구가 되어 줍니다. 대가족에서 핵가족으로, 핵가족에서 독박 육아로 우리 아이는 점점 더 고독하게 성장하고 있습니다.

많은 부모님들이 발달이 느린 아이를 데리고 가슴 졸이며 상담 받으러 오십니다. 부모님들이 기록한 사전 응답지를 보면 신기합니다. 상담을 오시는 분들이 똑같이 답하자고 미리 짜기라도 한 걸까요? 놀랍도록 동일한 대답이 이어졌습니다.

- 독박 육아다.
- 주로 집에서만 키웠다.
- 첫째나 외동아이다.
- 아빠의 귀가가 늦다.
- 주로 혼자서 논다.
- 소리나 빛이 나는 장난감을 자주 가지고 놀고 미디어 노출이 잦다.

사람으로 태어난 아이. 그리고 사람들 속에서 소통하며 자라야 하는 아이. 그런데 아이 곁에는 사람이 없습니다. 아이 주변에 함께해야 할 사람들의 자리를 다른 것들이 채우고 있습니다. 장난감, 미디어, 책, 가전제품, 자동차, 엘리베이터…… 이것들과는 대화를 나눌 수가 없습니다. 함께 웃을 수도 없습니다. 이런 차갑고 딱딱한 사물에 불과한 것들이 아이 주변에 가득합니다.

현대사회가 우리 아이들에게 가장 값진 것들을 빼앗고 있습니다. 그것은 바로 사람들과의 만남, 소통, 접촉, 스킨십, 그리고 몸놀이입니다. 과거에는 장난감이 없어도, 좁은 방에 오밀조밀 모여만 있어도 그렇게 즐겁고 신이 났습니다. 그 시절의 아이들은 사람들

속에서 아이답게 자랐습니다. 우리 아이들이 건강하게 성장하는
데 최우선으로 필요한 것이 '사람'입니다. 아이는 사람들과 소통해
야 합니다. 그냥 소통이 아니라 매우 적극적으로 소통해야 합니다.

사람 + 적극적 소통(접촉) + 놀이 = 몸놀이

가장 건강하고 적극적인 소통은 신체 접촉을 통해 이루어집니
다. 이제는 우리 어른들이 알아야 합니다. 아이들이 좋아하고, 원
하고, 필요한 것은 손길과 체온이 느껴지는 접촉입니다. 아이들에
게 주어야 할 것이 장난감이나 예쁜 옷이 아니라 몸놀이임을 깨달
아야 합니다. 몸놀이는 우리 어른이 아이들에게 줄 수 있는 최고의
선물입니다.

코로나19가 뒤덮은 세상, 아이들은 더 외로워진다

2020년에 발생한 코로나19가 전 세계를 바꿔 놓았습니다. 특히 아이가 있는 가정은 그 변화를 더욱 크게 실감할 것입니다. 아이가 코로나에 걸리면 큰일이라 부모의 마음에는 불안을 뛰어넘는 공포가 찾아옵니다. 그래서 아이와 부모는 집 안에 콕 박혀서 하루 종일 시간을 보냅니다. 하루, 이틀, 일주일, 한 달, 두 달…… 그렇게 아이와 부모는 타인으로부터 격리됩니다.

집이 적막하고 심심하니 TV를 하루 종일 틀어 놓고, 보고 싶은 친구들도 만날 수 없어서 영상통화로 대신 안부를 묻습니다. 어린이집, 키즈카페도 갈 수 없습니다. 어른도 이렇게 답답하고 무료한데 아이는 오죽할까 싶어 인터넷으로 아이 장난감을 검색합니다.

아이가 좋아할 만한 장난감 주문을 하고, 아이를 봐주는 로봇도 한 번 살펴봅니다. 그렇게 집은 격리시설이 되어 가고, 아이 장난감, 책, 학습 기세 같은 것들이 수북이 쌓입니다. 어린이집도 못 가고, 바깥에서 뛰어놀 수도 없는 아이는 집에서 TV와 유튜브를 보다가 장난감도 좀 가지고 놀며 하루를 보냅니다. 아이의 놀이는 더 이상 '함께'가 아니라 '혼자'입니다. 같이 해야 가치 있는 아이의 시간이 외롭게 흘러갑니다.

집에서만 지내는 환경은 결코 다양할 수 없습니다. 집에서는 아이가 몸을 충분히 움직이며 활동할 수 없습니다. 매일 반복되는 단조롭고 정적인 일상 속에서는 아이의 뇌가 활성화되기 어렵습니다.

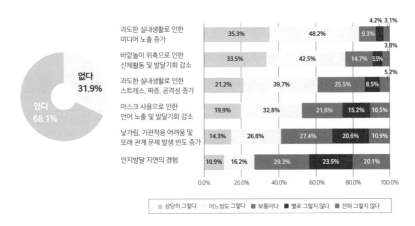

코로나19가 자녀 발달에 미친 영향에 대한 응답(학부모)

자료: 사교육걱정없는세상, 정춘숙의원실(2021.04)
서울경기 국공립어린이집 원장및교사(709명), 학부모(742명)
총 1,451명 대상 조사

느리고 서툰 아이 몸놀이가 정답이다

요즘 아이를 데리고 오는 부모님들이 이런 이야기들을 하십니다.

"코로나19 때문에 외출도 못 하고 집에서 TV, 스마트폰만 계속 보여 줬어요."
"집에서 아이랑만 있으려니 너무 힘들어서 어쩔 수 없이 아이 혼자 계속 놀게 두었어요."

코로나19에게 따질 수도 없고 부모를 탓할 수도 없습니다. 그러나 이 혼란한 상황 속에서 피해자는 남습니다. 바로 우리 아이들입니다.

발달장애를 예방하고 발달장애 아이를 한 명이라도 나아지게 할 수 있다면 전 무엇이든 하고 싶습니다. 몸놀이로 무장한 슈퍼맨 아빠, 원더우먼 엄마가 함께한다면 코로나19도, 우리 아이의 발달 문제도 이겨 낼 수 있습니다. 육아에 몸놀이가 더해지면 우리 아이들의 몸과 마음은 물론 부모와 아이의 관계 또한 더욱 탄탄해질 것입니다. 현대 사회일수록, 핵가족, 독박 육아일수록, 코로나19로 실내 생활이 늘어날수록 우리 아이의 육아는 몸놀이로 반드시 혁신되어야 합니다.

지나치게 편한 환경이
아이의 뇌를 위협한다

겨울이 다가오면 온 세상을 하얗게 덮는 눈송이들이 떠오릅니다. 겨울이 되면 아이들의 감각적 경험이 더 풍성해집니다. 하얗고 차가운 눈을 통해 경험하는 온도감, 통감각이 우리 아이들 감각 발달에 매우 이롭습니다. 우리의 어렸을 적 추억을 떠올려 보면 아무리 추워도 손과 발이 얼어 터질 만큼 밖에서 열심히 놀았습니다. 콧물이 줄줄 흘러 허옇게 말라붙고, 얼굴이 사과처럼 빨개져도 놀이를 끝내지 않았습니다. 매일 밖에서 뛰어놀다가 자빠지고 넘어져 무릎이 성한 날이 없었습니다.

흔히 '아픈 만큼 성장한다'고들 합니다. 이를 바꿔서 이야기해 보면 아픔이 없으면 성장할 수 없다는 말이 됩니다. 몸을 움직이다가 부딪쳐 보고, 넘어져서 상처도 입다 보면 아이는 '통감각'을 경험하게 됩니다. 신체의 통각이 뇌에 전달되면서 신체 이해를 돕습니다. 그리고 더 크게 다치지 않게 자신의 몸을 보호하는 균형 감각과 순발력, 민첩성이 높아집니다. 위험한 상황에 대처하는 반사신경 또한 향상됩니다.

놀다가 넘어져서 아프면 속상하고 화가 납니다. 짜증도 나고 슬퍼지기도 합니다. 가끔은 너무 어이없어 웃음이 나기도 하고요. 이렇게 아픈 것은 다양한 감정의 경험을 돕습니다. 즉, 감정 발달 촉진에 큰 영향을 미칩니다. 감정의 문을 열어 주고 감정의 발달을 촉진하면서 감정 조절 능력이 향상됩니다. 이뿐만 아니라 타인의 감정을 이해하고, 공감할 수 있게 됩니다. 움직이다 넘어져서 아팠던 경험이 있는 아이는 다른 친구가 넘어져서 울고 있을 때 다가가서 그 친구를 도와주는 배려심 깊은 아이가 됩니다.

저는 아이들과 함께 20년째 수업을 하고 있습니다. 수업하면서 가장 어렵고 힘든 상황은 아이들이 다쳤을 때입니다. 아이들의 움직임이 중요하다 보니 활동성 많은 수업을 주로 하는데, 친구들과 부대끼고 접촉이 많은 활동을 하다 보니 아이들이 다치기 쉽습니다. 아이가 어디 긁히거나 다치면 선생님들은 초긴장 모드가 됩니다. 아이가 하원할 때 죄송하다는 말을 몇 번이고 해야 합니다. 2~3일, 또는 일주일까지도 죄송하다는 말을 아끼지 않고 전할 마음의 준비를 단단히 합니다. 다친 아이의 모습을 보고 속상해할 부모의 마음을 충분히 알기에 온 마음을 다해 사죄하는 게 당연합니다. 그 와중에 괜찮으니 걱정하지 말라며 오히려 선생님들의 마음을 다독여 주는 부모님을 만나면 그렇게 감사할 수가 없습니다.

부모는 아이가 아프지 않고 힘들지 않길 바랍니다. 그래서 아이가 좋은 환경에서 잘 성장할 수 있도록 늘 최선을 다합니다. 많은 부모님이 아이가 밖에 나가면 넘어져서 다칠까 봐 주로 집에서 생활하게 합니다. 봄, 여름이 되면 미세먼지 때문에 호흡기가 안 좋아질까 봐 바깥 활동을 줄입니다. 가을, 겨울이 되면 추우니 감기 걸릴까 봐 따뜻한 실내에서만 시간을 보냅니다. 아이가 추울까 봐 옷을 껴입히고, 더우면 더울까 봐 에어컨을 켭니다. 걷다가 넘어져서 다칠까 봐 유모차를 태우고, 내 품에서 벗어나면 무릎 깨질까 봐 늘 안고 있어 팔이 저립니다. 코로나19나 독감 같은 바이러스가 유행하면 집콕을 합니다. 아이가 아파 병원에 갔는데 하루 정도 약을 먹여도 호전이 안 되면 의사에게 항의를 합니다. 부모는 아이가 배고프기 전에 밥을 주고, 다 떠먹여 줍니다. 두 돌이 지나 이유식이 끝났는데도 혹시나 소화가 잘 안 될까 봐 밥을 물에 말아 먹입니다. 잘 먹지 못해 영양이 부족할까 봐 아이 뒤를 쫓아다니면서 밥을 먹입니다.

부모의 불안과 염려로 아이는 편한 환경에서 생활하고 단순하고 반복되는 일상을 보냅니다. 아픈 것은 견디면 면역력이 생깁니다. 불편한 것은 아이 스스로 머리와 몸을 써서 해결할 수 있습니다. 부족한 것은 스스로 채워 나가야 합니다. 아이가 건강하게 발달할 환경을 조성하고 성장할 기회를 충분히 주어야 합니다. 아이의 뇌가 발달하려면 불편한 것, 새롭고 낯선 것, 어려운 것, 다양한 것이 필요합니다. 이와 반대로 편하고, 단순하고, 쉽고, 반복적인 것에 익숙해지면 아이의 뇌가 발달하기 어렵습니다.

부모님들은 아이가 건강하게 발달하길 바랍니다. 하지만 부모의 불안이 건강한 발달을 저해하는 환경을 만듭니다. 과하게 보호받는 환경에서 우리 아이들은 점점 더 자신의 몸을 쓸 기회가 줄어듭니다. 아이의 몸이 뇌와 소통하며 건강한 발달이 이뤄지는 시간을 빼앗기는 것입니다.

아이는 온실 속 화초가 아니라
들판의 잡초처럼 자라야 한다

아이의 성장은 나무와 닮아 있습니다. 아이의 키가 자라듯 나무도 그 줄기가 자라며 키가 커집니다. 아이가 햇빛을 봐야 잠도 잘 자고 시력도 좋아지듯 나무도 햇빛을 봐야 합니다. 그래야 더 푸르고 단단하게 자라기 때문입니다.

나무에는 나이테가 있습니다. 기온, 바람, 기후 변화 등 다양한 변화를 겪은 나무일수록 더 진한 나이테가 생기고 더 튼튼한 나무로 자란다고 합니다. 아이들에게도 성장을 보여 주는 나이테가 있습니다. 우리가 '상처', '멍', '흉터'라고 부르는 것들입니다. 멍이 들었다는 것은 접촉이 많았다는 것입니다. 피가 났다는 것은 역동적으로 몸을 썼다는 것입니다. 그래서 전 그것들을 상처나 흉터라고 말하고 싶지 않습니다. 몸을 움직인 흔적, 몸을 접촉한 표식, 발달과 성장의 기록이라고 정의하고 싶습니다. 상처와 흉터는 우리 아이들의 건강한 성장을 나타내는 나이테입니다.

아이가 나무처럼 무럭무럭 자라야 하는데 온실 속 화초처럼 자라면 어떻게 될까요? 온실 속의 화초는 온실 밖을 나가면 금세 시들고 꺾이게 됩니다. 나무만큼 우뚝 자라지 못하는 것은 당연하고, 나무는커녕 잡초만큼도 자라지 못합니다. 우리 아이들은 앞으로 더 큰 세상에 나가야 합니다. 그 세상은 매 순간 새로울 것이며 낯설고, 불편하고, 어렵게 느껴지는 것들이 수없이 펼쳐질 것입니다. 아이가 건강하려면 이런 더 큰 세상에 잘 적응해야 합니다. 아이를 온실 속의 화초처럼 키우면 아이가 머무를 수 있는 곳은 오로지 온실뿐입니다. 우리 아이는 온실보다 더 크고 넓은 세상에 있는 새롭고, 다양한 것들을 적극적으로 경험하면서 자신의 것으로 만들어가야 합니다.

아이는 '혼자'가 아니라
'함께' 놀아야 한다

놀이의 사전적 의미는 '여러 사람이 모여서 즐겁게 노는 일 또는 그런 활동'입니다. 여기서 '여러 사람이 모여서'라고 정의된 부분에 주목할 필요가 있습니다. 오늘날 우리가 생각하는 놀이의 의미는 사전적 의미와 조금 다릅니다.

"오늘은 혼자 좀 놀면서 쉬어야겠다."
"난 혼자 노는 게 더 편해."
"아이도 혼자 놀 시간이 필요하지."

우리는 아이에게 놀이가 중요하다는 것을 얼추 알고는 있습니다. 그런데 놀이의 진정한 의미는 잘 모릅니다. 아이가 혼자서 책 읽고, TV 보면서 가만히 놀고, 장난감 가지고 알아서 노는 것 또한 놀이라고 여깁니다. 혼자 잘 노는 아이를 보고 우리는 이렇게 말합니다.

"혼자서도 잘 놀고, 아주 효자네 효자야."
"얌전히 의젓하게 혼자 잘 노는 걸 보니 참 어른스럽고 기특해."
"엄마 아빠 귀찮게 안 하고 순하게 혼자 잘 노는 착한 우리 딸!"

점차 개인주의적인 성향이 강해지는 사회에서 우리는 '여러 사람이 모여서'라는 놀이의 중요한 전제를 잊고 있습니다. 이에 따라 우리 아이들도 제대로 된 놀이 경험을 충분히 하지 못하고 있습니다. 집에서 엄마나 할머니와 주로 지내면서 혼자 장난감을 가지고 놀고, 책을 보면서 놉니다. 하지만 정확히 말하자면 이것은 '논 것'이 아니라 '본 것'입니다. 그림과 사물을 단순히 관찰한 것일 뿐입니다. 종종 엄마 아빠가 놀아 주긴 했겠지만 아이는 아빠랑 조금 놀다가 말고 엄마랑 마주 보고 잠시 소통하다가 곧바로 각자에게 익숙한 일을 했을 것입니다. 밥보다 중요하고 호흡만큼 자주 해야 하는 놀이의 의미가 변질된 채 아이는 소통 없는 놀이 시간을 보내고 있습니다.

우리가 '육아'라고 부르는 것에는 참 다양하고 복잡한 일들이 포함됩니다. 빨래도 해야 하고, 아이 밥도 먹여야 합니다. 씻기기도

하고, 재우기도 해야 합니다. 아이가 아프지는 않은지 잘 살펴야 하고, 제때 이가 나고 빠지는지도 잘 관찰해야 합니다. 아이와 함께 노는 것도 육아에 포함되는 일입니다. 특히 놀이가 육아에 있어 가장 난코스이자 장기코스가 아닐까 생각합니다. 아이와 놀아 주는 것('노는 것'이라고 표현하고 싶지만 부모는 '아이와 놀아 주는 것'이라고 생각합니다)은 쉽지 않습니다. 힘들고 고됩니다. 뭘 어떻게 하고 놀아야 할지 모르겠고, 아이와 놀이하며 벌어지는 수많은 상황 속에서 부모가 어떻게 말하고 행동해야 하는지 판단하기 어렵습니다. 그래서 놀이가 가장 두렵고 큰 숙제처럼 느껴집니다.

하지만 아이에게 무엇보다 중요한 것이 부모와의 놀이 시간입니다. 아이는 사랑과 관심이 절대적으로 필요한 존재입니다. 놀이를 통해 부모의 사랑이 아이에게 전달되고 아이는 자신이 얼마나 사랑과 관심을 받고 있는지 알아 갑니다. 또한 놀이를 하며 소통하는 방법을 깨닫게 됩니다. 모든 발달의 근간이 이 놀이를 통해 시작되고 확장됩니다.

느리고 서툰 아이 몸놀이가 정답이다

'놀이'는 마주하고
소통하는 과정

남성과 여성이 사랑으로 만나 결혼합니다. 서로 마주하며 소통하는 가운데 아이가 태어나고, 부모와 아이가 만나 한 가족이 됩니다. 부모와 아이가 매 순간 더 맞대고 더 많이 마주해야 하는 것들이 있습니다. 무엇과 무엇이 만나야 할까요?

살과 살이 맞닿으면 감각이 됩니다. 감각은 발달의 핵심입니다. 아이는 감각 발달 없이 건강하게 자랄 수 없습니다. 눈물과 콧물이 만나면 감정이 되고, 울음이 됩니다. 감정을 느끼고 공감하는 과정은 아이를 사람답게 성장하게 합니다. 생각과 생각이 만나면 소통이 됩니다. 타인과 잘 통하며, 즐겁고 행복한 삶을 누릴 수 있습니다. 눈빛과 눈빛이 만나면 더욱 의미 있는 관계가 되어 깊이 있는 상호 작용을 가능케 합니다. 숨과 숨결이 만나면 호흡이 됩니다. 그것이 함께 느끼는 통로가 됩니다. 힘과 힘이 만나면 자신감이 됩니다. 타인과 내가 만나야 가족이 되고, 우리가 됩니다. 그것이 사회성이 되고 사회를 이루는 근간이 됩니다.

아이와 넉넉히, 충분한 시간을 두고 몸 중심으로 풍성하게 소통해야 합니다. 빗방울과 흙이 만나 싹을 틔우고 빗방울과 꽃봉오리가 만나 꽃을 피우듯 몸놀이로 아이와 부모가 만나 아이 능력의 싹을 틔우고, 지혜를 키우는 시간을 보내야 합니다.

놀이를 너무 어렵게 생각하지 마세요. 함께 먹는 것도 놀이고(무조건 음식을 먹여야 한다고 생각하면 놀이가 아니라 일이 됩니다), 함께 씻는 것도 놀이입니다(빨리 씻기고 쉬어야겠다는 생각에 빨리빨리 하면 놀이가 아니라 일이 됩니다). 심부름을 시키는 것도, 함께 집안일을 하는 것도 놀이입니다. 이렇게 일상에서 함께 하면 놀이할 게 정말 많아집니다. 물론 집안일을 아이와 함께 하면 귀찮고 번거로울 때가 많습니다. 하지만 아이는 그 과정을 통해서 손을 사용하고, 몸을 쓸 줄 알게 됩니다. 아이는 엄마 아빠가 하는 일을 함께 하면서 성취감과 자신감은 물론이고 자기 신뢰와 자기 효능감 또한 높아지게 됩니다.

매일 반복하는 일로도 쉽게 놀이를 할 수 있습니다. 예를 들어 옷을 갈아입을 때 조금 다른 방식으로 입고 벗도록 해 보세요. 양말을 팔에 끼우고, 바지를 머리에 씁니다. 상의를 바지처럼 입어 보기도 하고요. 평소랑 다르게 옷을 입으면 아이는 불편함을 느끼게 됩니다. 이때 평소와 다른 촉감각觸感覺을 느끼는데 이것은 뇌에서 신체 지도를 형성하는 데 매우 도움이 됩니다. 옷을 이상하게 입은 모습이 우스꽝스러워 서로 마주 보고 웃게 되고, 그 자체가 즐거운 놀이가 됩니다.

혹시 아직까지 아이의 옷을 부모님이 대신해 갈아입혀 준다면 옷을 다 벗겨 주지 말고 미리나 팔에 걸린 상태로 그냥 둬 보세요. 그러면 자신이 몸을 이리저리 움직이면서 옷을 벗으려고 할 것입니다. 몸이 불편한 상태에서 아이가 직접 옷을 벗어 불편함을 해결하면 재미는 물론 큰 성취감을 느끼게 됩니다. 그러면서 아이는 스스로 옷을 입고 벗는 방법을 알게 되고, 점점 야무지게 옷을 갈아입게 됩니다.

또 다른 놀이를 추천하자면, 사이즈가 넉넉하고 버려도 되는 옷 하나를 골라 아이와 같이 입어 보세요. 옷 소매에 엄마와 아이 팔을 함께 넣거나 큰 바지를 같이 입어 보는 등 신체를 맞닿으면서 옷을 입으면 아이와 부모의 몸이 자연스럽게 비교, 대조 되면서 크고 작은 것에 대한 인지가 좋아집니다. 자기 몸의 감각을 통해 길다, 짧다, 높다, 낮다, 두껍다, 얇다, 무겁다, 가볍다 등의 인지 정보가 쌓이는 것입니다. 몸의 접촉을 통해 아이는 자신의 몸을 기준으로 상대적인 인지 개념을 깨닫게 됩니다.

팁을 얻으셨으니 오늘부터 바로 실천해 보세요. 매일 반복되는 일상에서 즐겁게 아이와 놀 수 있고, 유쾌하게 아이와 몸을 맞대며 몸놀이를 할 수 있습니다.

— Chapter 2 —

아이에게
몸은 곧 '뇌'다

아이의 촉감각을 키우는
최고의 방법, 몸놀이

몸놀이는 몸과 몸이 맞닿으며 하는 놀이입니다. 피부와 피부가 서로 닿고 스치며 적극적으로 접촉하는 것입니다. 몸놀이 하는 동안 가장 많이 사용하는 부위는 피부고, 주로 경험하는 것은 바로 촉감각입니다. 피부는 우리 몸 중 가장 넓은 면적을 차지하고 있고, 감각을 받아들여 느끼는 기능이 있습니다.

우리 피부에는 감각 수용기가 있습니다. 즉, 더운지, 추운지, 따가운지, 부드러운지 등을 인식하게 하는 통로 기능을 합니다. 피부에 있는 감각 수용기로 자극을 받아들이는 과정을 눈으로 확인할 수는 없습니다. 귀로 들을 수 있는 소리가 있는 것도 아닙니다. 피부에 접촉하는 순간 몸을 통해서 우리가 인식하지 못할 정도로 빠르고 정교하게 연속적으로 일어납니다.

아이는 살아가는 데 필요한 감각을 잘 느껴야 합니다. 특히 촉감각을 잘 느끼고 수용해야 자신의 몸을 보호할 수 있습니다. 따갑고 날카로운 게 느껴지면 바로 피해야 합니다. 그렇지 않으면 피가 나고, 상처가 날 수 있습니다. 먹고 있는 음식이 뜨거우면 뜨거운 것을 바로 느껴야 합니다. 뜨거운 것을 아무렇지도 않게 먹으면 입안, 식도 등에 큰 부상을 입게 됩니다. 추운 겨울에 손이나 발이 시리면 그 감각을 느껴서 손을 호호 불거나 손에는 장갑을 끼고, 발에는 양말을 신어야 합니다. 그렇지 않으면 손과 발이 동상에 걸릴수 있습니다. 이처럼 촉감은 생존입니다. 살기 위해서는 꼭 필요한 감각입니다.

촉감을 통해서 쾌감과 온기와 아픔 등 우리를 살아 있게 만드는 거의 모든 느낌을 일으킨다.

－《바디 우리 몸 안내서》 23쪽

눈에 보이지는 않지만 느끼면서 알 수 있는 감각. 우리는 그 감각과 지금까지 늘 함께했으며 앞으로도 그럴 것입니다. 이번 장에서는 이런 감각 중에서도 가장 으뜸인 촉감각에 대해 살펴보며 아이를 내 품에 안아야 하는 이유와 몸과 짜릿하게 상호 작용하는 '뇌'에 대해 이야기할 것입니다. 뇌과학에 근거해 살펴본 뇌 발달과 몸놀이의 연관성은 다음과 같습니다.

'몸놀이는 뇌 발달에 최고다.'
'아이의 뇌 발달을 위해서는 몸놀이를 해야 한다.'
'아이가 건강하게 발달하려면 몸놀이를 해야 한다.'

처음부터 뇌과학적 지식과 정보를 알고 아이와 몸놀이를 했던 것은 아니었지만 접촉을 끊임없이 해 줘야 아이가 더 좋아질 것 같았습니다. 그렇게 아이들과 끊임없이 몸놀이 하고, 아이의 몸과 내 몸을 접촉했습니다. 그러던 어느 날 아이들을 만지며 접촉하는 것의 의미가 더 깊게 다가왔습니다.

아이의 머리를 만져 주는 것은 아이에게 '나의 키가 이 정도의 높이에 있구나'를 알려 주고 '내가 낮은 곳을 지나가려면 머리를 이 정도 숙이면 되는구나'의 기준 정보를 제공하는 것입니다. 아이의 손을 잡아 주면 아이는 '내 손으로 내 몸을 끌고 보호할 수 있구나'를 깨닫고 상대방의 손 움직임을 보며 내 손의 기능에 대한 호기심이 생깁니다. 그렇게 맞잡은 손을 통해 혼자보다 여럿이 함께하는 것이 즐겁다는 사실을 알아 가는 것이지요.

아이의 등을 두드려 주는 것은 눈에 보이지 않는 몸속 장기들에게 '안녕' 하며 그 존재를 깨닫게 해 주는 것입니다. 등에 자극을 받으면 내장 감각이 발달하고 몸의 둘레와 부피를 인지하게 됩니다. 힘과 압박이 느껴졌을 때 기분이 좋아지는 곳이 등이라는 걸 알게 되고, 등에 무언가 짊어지고 싶은 흥미가 생깁니다.

아이의 얼굴을 만진다는 것은 아이에게 누구보다 사랑하는 마음을 전달하는 손짓이 됩니다. 함께 웃고, 슬프면 울고, 화가 나면 찡그리면서 이 삶을 함께 누리자는 무언의 메시지입니다.

아이에게 뽀뽀한다는 것은 작은 입술이 마음을 표현하는 중요한 도구임을 알려 주는 것입니다. 아이는 입술이 움직이면서 신기한 말이 들리는 것을 보며 자신도 말을 할 수 있다는 용기를 얻습니다. 입을 움직여 오물오물 먹고 싶은 식욕을 높여 주기도 합니다. 건강하게 크려면 잘 먹어야 한다는 것을 몸소 전해 주는 것입니다.

아이의 몸을 꽉 안는다는 것은 '넌 멋진 몸을 가졌어. 너에게는 건강한 몸과 총명한 두뇌가 있어'라는 믿음을 보여 주는 것입니다. 아이 자신이 부모에게 가장 귀한 존재임을, 말로 다 표현할 수 없을 만큼 사랑하는 부모의 마음을 온몸으로 표현하는 것입니다.

느리고 서툰 아이 몸놀이가 정답이다

아이 몸의 발달이
곧 뇌의 발달

- 신체 발달이 느린 아이
- 언어 발달이 느린 아이
- 자폐 성향이 있는 아이
- 주의 집중이 짧은 아이

위의 증상은 각기 다른 발달상의 문제처럼 보이지만 사실 원인은 동일합니다. 바로 뇌 발달상에 문제가 있다는 것입니다. 아이의 발달은 뇌의 발달과 밀접한 관련이 있습니다. 뇌 발달이 건강하게 이루어지면 아이의 전반적인 발달도 정상적일 것입니다. 그러나 뇌 발달에 문제가 있으면 대근육 발달이 느리거나 언어 발달이 지

체될 수 있습니다. 그래서 아이의 발달을 이해하려면 내 아이의 뇌 발달이 잘 되고 있는지, 뇌 발달이 건강하게 이뤄지려면 어떻게 해야 하는지 공부해야 합니다.

뇌는 두껍고 단단한 두개골 안에 들어 있습니다. 만질 수도 없고, 눈으로 들여다볼 수도 없습니다. 병원에서 MRI_{Magnetic Resonance} Imaging(자기공명영상법)나 FMRI_{Functional Magnetic Resonance Imaging}(기능적 자기공명영상)를 찍어도 일부 영역만 제한적으로 살펴볼 수 있습니다. 그래서 우리 몸에서 가장 신비롭고, 오묘한 신체기관이 '뇌'입니다. 뇌과학자들은 입을 모아 뇌는 평생에 걸쳐서 발달한다고 합니다. 어린아이부터 성인, 노인에 이르기까지 우리 뇌는 끊임없이 주변 환경에 반응하며 발달합니다. 물론 평생에 걸쳐 뇌가 발달한다고 해도 뇌가 급속도로 발달하는 시기는 따로 있는데, 바로 영유아기입니다. 이 시기 아이들의 뇌 발달에 가장 중요한 것은 무엇일까요? 바로 몸의 경험입니다.

몸 발달 = 뇌 발달

몸의 경험 = 뇌의 활성화

몸과 뇌는 끊임없이 상호 작용을 합니다. 신호를 주고받으며 긴밀하게 연결되어 작용합니다. 몸과 뇌의 상호 작용은 순서가 있지는 않습니다. 뭐가 먼저고, 나중인지 알 수 없을 정도로 거의 동시에 상호 작용이 일어납니다. 그래서 몸은 뇌고, 뇌는 몸입니다. 특히 아이들에게 몸의 발달은 곧 뇌의 발달을 뜻합니다. 아이들은 하루가 다르게 성장하며 뇌 발달도 활발하게 이뤄집니다. 몸의 경험은 뇌 발달의 전반을 좌우합니다. 몸을 쓰는 경험이 많을수록 몸과 뇌는 활발히 신호와 정보를 주고받습니다. 몸을 쓸 때 뇌에 필요한 많은 정보가 전달되고, 뇌의 신경회로가 건강하고 탄탄하게 형성됩니다.

'왜 무겁지?'
'이건 왜 차갑지?'
'왜 다리가 당기지?'
'아빠가 비행기를 태워 주니 몸이 붕 뜨는 게 신기하고 재미있어. 또 하고 싶다.'
'지난번에 계단에서 넘어져서 무릎이 아팠어. 그래서 계단 내려가는 건 조금 무서워.'

아이가 움직일 때 이렇게 몸 중심으로 감각을 받아들이며 뇌가 작용합니다. 이 과정은 다양한 생각을 이끌어 주고 적극적으로 사고하게 합니다. 몸을 움직이면서 자연스럽게 생각하게 되고, 그 생각들은 몸을 잘 사용하도록 돕습니다. 감각은 생각을 이끌고, 생각은 감정을 낳습니다.

'빨리 달리니까 바람이 불고 시원해서 기분이 좋아져. 또 뛰고

싶다.'

'넘어져서 다리에 피가 났는데, 계속 아파서 눈물이 날 것 같아. 속상하고 슬퍼.'

'인디언밥 놀이를 하는데 등을 두드려 주니까 몸이 편안한 것 같아. 이런 걸 시원하다고 하는 건가? 정말 좋다.'

이런 감정들을 통해서 행동이 유발됩니다. 아이가 몸놀이를 재밌다고 느끼면 상대의 손을 끌어서 또 해 달라고 하거나 다가가서 '해 주세요'라고 이야기합니다. 계단에서 넘어져 무서웠던 경험이 있다면 손잡이를 꽉 잡거나, 엄마 손을 의지하거나, 다리에 힘을 주는 행동을 합니다.

이렇게 몸의 경험을 통해 뇌는 똑똑해지고, 몸을 더 잘 지휘합니다. 아이는 더 즐겁고 다양하게 노는 방법을 알게 됩니다. 더불어 똑똑해진 뇌는 더 적극적으로 몸과 신호를 주고받으므로 몸도 똑똑해집니다. 몸의 움직임은 더 다양하고 힘 있게 변화합니다. 몸을 통해 더 업그레이드된 감각적 정보가 뇌에 전달됩니다. 이렇게 뇌와 몸의 발달이 선순환하게 됩니다. 이처럼 몸은 뇌와 동행하고, 몸을 통해 받아들인 감각적 정보들은 아이의 생각과 행동, 언어의 기초를 이룹니다.

신체 지도 형성은
'접촉'이라는 하나의 점에서
시작된다

점을 이으면 선이 되고, 선을 이으면 면이 됩니다. 그리고 면을 이으면 형이 됩니다. 즉, 입체적인 형태가 됩니다. 우리의 몸도 입체적인 형태입니다. 그 안에는 신비로운 것들이 묵직하게 채워져 있으며 모두 연결되어 있습니다. 그것들은 우리의 모든 발달을 책임지고 있습니다.

점과 선, 면과 형태

신체의 한 감각점이 입체적인 몸의 한 부위로서 건강하게 인식되기 위해서는 '접촉'이 있어야 합니다. 접촉을 하면 그 신체 부위에 대한 정보가 뇌에 전달됩니다. 접촉과 신체 지도 형성의 관계를 정량적으로 설명하긴 어렵지만, 접촉으로 신체 지도의 한 점이 형성된다고 생각하면 접촉의 중요성을 가늠해 볼 수 있습니다. 끊임없이 계속되는 다양한 접촉을 통해서 점을 형성해야 합니다.

아이는 매일 키가 크고 몸집이 커집니다. 이와 머리카락도 자라고, 내장도 점점 커집니다. 그렇게 성장하는 아이 몸의 정보가 뇌에 잘 전달되기 위해서는 다발적인 접촉 경험이 필요합니다. 접촉은 크게 세 가지로 나누어 볼 수 있습니다.

- 다른 사람과의 신체 접촉
- 몸을 움직이면서 자신의 신체끼리 접촉
- 몸을 움직이면서 주변 사물과 신체의 접촉

이러한 접촉을 통해서 피부는 아프고, 눌리고, 두드려지고, 차갑고, 뜨겁고, 따가운 폭넓은 감각을 경험합니다. 이런 다양한 감각 경험이 각각의 점이 되고, 점들이 선으로 이어지게 됩니다. 한 번의 접촉이 몸에 하나의 점으로 찍힌다고 생각하면 얼마나 많은 접촉이 우리 몸에 필요한지 이해하게 될 것입니다. 피부 아래에 있는 혈관, 근육, 내장도 마찬가지입니다. 접촉을 통해 점 하나가 형성되고, 점들이 선을 이루고, 면이 되고, 형태가 되어 건강한 신체 인식을 도와줍니다.

점, 선, 면 그리고 입체. 이것으로 신체 지도의 형성을 설명하기
에는 한계가 있습니다. 그림을 그려서 묘사할 수도 없습니다. 이런
신기한 작용이 아이의 몸에서 일어납니다. 신체 지도 형성의 시작
은 접촉입니다.

> 촉각만큼 놀라운 감각은 없다. 이 감각은 피부를 우리 삶의 여정을
> 감지하고 보호하는 예리한 도구로 만든다. 하지만 피부와 피부가 닿
> 으면 신비스럽고 거의 마법처럼 느껴지는 힘의 전달이 일어난다.
>
> ―《피부는 인생이다》 217쪽

《피부는 인생이다》에서 말한 것처럼 피부와 피부가 닿는 접촉
은 마법의 주문이 되고, 접촉하면 할수록 자신의 몸을 세밀하게 사
용하게 됩니다. 접촉을 통해 이루어지는 몸놀이는 만들 수도 없고,
몇천억을 주고도 살 수 없는 만능 도구입니다.

몸 중심이 탄탄해야
우리 아이도 튼튼해진다

몸이 무척 피곤했을 때 찾아서 읽었던 책이 있습니다. 《스탠퍼드 식 최고의 피로회복법》이라는 책인데, 이 책의 내용을 우리 아이들에게 적용해 보면서 새로운 통찰을 얻게 되었습니다. 저자 야마다 도모오山田 知生는 '체내 압력'이 중요하다고 말합니다. 체내 압력이라는 것은 쉽게 말하면 복부 내부 압력, 즉 '배 중심에서 바깥쪽으로 내미는 힘'입니다.

특히 신체 불균형에 큰 영향을 미치는 것이 바로 '체내 압력'이다.

…중략…

배에 압력이 높아지면 몸이 바로 선다.

- 복압이 높아져 몸의 중심(체간과 척추)이 안정된다.
- 체간과 척추가 안정되면 올바른 자세를 유지하기 쉽다.
- 올바른 자세에서 중추신경과 몸의 연계는 더욱 원활히 이루어진다.
- 중추신경과 몸의 연계가 원활해지면 신체 각 부위가 본래 있어야 할 위치에 제대로 자리한, 이른바 최적의 상태를 이룬다.
- 몸이 최적의 상태를 이루면 몸에 무리가 가는 불필요한 움직임이 사라진다.
- 불필요한 움직임이 사라지면 신체 기능이 향상되고 피로와 부상 도 예방할 수 있다.

– 《스탠퍼드식 최고의 피로회복법》 67~68쪽

밥 먹을 때, 화장실에서 볼일을 볼 때, 출산할 때 등 우리는 자주 배에 힘을 줍니다. 배에 힘을 주는 상황을 일일이 열거하자면 오늘 하루도 부족할 것입니다. 그만큼 다양한 상황에서 배의 힘이 작용 하고 있다는 것을 알 수 있습니다. 아이들이 자신의 능력을 키우고 성장하는 것도 '배'에 힘을 주는 과정에서 이뤄집니다.

대소변을 잘 보려면 배에 힘을 주면서 소변과 대변을 봐야 합니 다. 또 대소변이 마려울 때 배에 힘을 줘서 참을 줄도 알아야 대소 변을 가리게 됩니다. 노래를 잘하려면 호흡을 키우고, 호흡 조절을 잘해야 합니다. 이때 배에 힘을 많이 주면 풍부한 성량과 정확한 음정을 유지할 수 있습니다. 말을 잘하려면 호흡을 크게 마시고 내 쉬면서 배에 힘을 주어 자신 있고 또랑또랑한 목소리로 말해야 합니다. 달리기 경주를 할 때 친구보다 빠르게 결승점에 도달하려면 있는 힘껏 배에 힘을 주고 팔다리를 흔들면서 달려야 합니다. 이렇게 우리의 능력 대부분이 결국 '배에 힘주기'에서부터 시작됩니다.

배에 힘을 주게 하면 거부하거나 싫어하는 아이들이 있습니다. 배꼽 주변을 눌렀을 때 굉장히 낯설어하는 친구도 있습니다. 보통은 다른 사람이 배를 누르면 그 힘에 대한 반작용으로 자연스럽게 배에 힘이 들어가는데, 제가 배를 눌러도 아무런 힘도 주지 않습니다. 배를 만질 때 복부의 잔근육이 전혀 만져지지 않는 아이들도 있습니다.

매일 몸놀이를 해야 하는 이유가 바로 여기에 있습니다. '배'에 힘을 주어 신체 중심을 탄탄하게 해서 수많은 활동을 멋지게 해내게 하기 위함입니다. 아이와 배에 힘이 들어가는 몸놀이를 해 보세요. 우리 아이의 체내 압력이 탄탄해지며 몸도 튼튼해지고, 두뇌도 상쾌해질 것입니다.

느리고 서툰 아이 몸놀이가 정답이다

우리 아이 감각 발달 치트키, '관절 몸놀이'

발달이 늦거나 자폐 성향이 있는 아이를 키우는 부모라면 누구나 알고 있는 치료가 있습니다. 바로 '감각 통합'입니다. 몸의 움직임이 가장 활발한 치료법 중 하나로, 감각 통합은 몸에 있는 감각들이 서로 연결되고 통합되어 원활하게 처리되는 것을 뜻합니다. 예를 들면 길을 걷다 눈앞에 나뭇가지가 튀어나와 있는 것을 보고 '이대로 걷다가 나뭇가지에 얼굴이 긁히면 아프겠군. 나뭇가지를 피해야지'라고 생각하면서 눈으로 보고, 몸을 적절히 움직여 옆이나 앞으로 피하는 과정입니다. 즉, 감각 통합은 몸을 더 잘 쓰게 되는 과정을 말합니다.

아이와 비행기 태우기 놀이를 하면 아이의 몸이 붕 뜰 때 몸의 균형을 잡기 위해 힘이 들어갑니다. 몸을 안전하게 보호하기 위해 손에 힘이 들어가고, 팔까지 그 힘이 연결됩니다. 아이는 이 몸놀이를 통해 힘을 어느 정도 써야 하는지, 몸을 어떻게 움직여야 하는지, 연속된 동작에서 느껴지는 감각을 어떻게 조절해야 하는지 알게 됩니다.

> 우리가 몸을 움직일 때마다 근육과 힘줄과 관절의 감각 수용기는 무슨 일이 벌어지는지에 관한 정보를 뇌에 보낸다. 그래서 눈을 감고 한 팔을 들어 올려도 우리는 위치 변화를 감지하고 팔의 위치를 알 수 있다. 굳이 보지 않아도 변화를 감지할 수 있다.
>
> 몸의 움직임을 인지하는 능력을 '고유수용감각'이라고 부른다. 이 말은 '자기 자신'과 '파악하기'라는 라틴어에서 유래했다. '육감六感', 'sixth sens'로 불리기도 하는 고유수용감각은 우리가 능숙하게 움직이도록 돕는다. 아울러 자아 개념self-concept, 즉 타인과의 관계에서 자기를 인식하고, 자기의 신체적 특징, 성격, 능력 따위를 스스로 이해하는 데에도 중요한 역할을 한다. 자의식을 생성하는 뇌 영역은 근육과 관절에서 신호를 받는다.
>
> -《움직임의 힘》183쪽

관절을 많이 사용할수록 감각 발달과 감각 통합에 도움이 됩니다. 관절의 움직임, 힘줄의 느낌 모두 고유수용감각에 해당합니다. 내 팔이 쭉 뻗어 있는지, 구부러져 있는지, 앞을 향하고 있는지, 뒤로 꺾여 있는지 아는 모든 과정이 신체 인식이 발달하고 감각이 통합되는 과정입니다. 관절 이야기를 조금 더 해 보자면, 우리 몸에는 수많은 뼈가 있고 뼈와 뼈들을 잇는 관절이 있습니다. 우리 몸은 관절로 연결되어 온전한 형태를 갖춥니다. 자기 몸에 대한 올바른 인식과 신체 지도가 잘 형성되기 위해서는 관절을 입체적으로 잘 움직여야 합니다.

관절은 우리 몸에서 크게 두 가지 작용을 합니다. 먼저 위·아래, 좌·우, 앞·뒤, 그리고 회전까지 신체 부위가 다양한 방향으로 움직일 수 있게 해 줍니다. 우리가 일상에서 하는 대부분의 행동은 관절 없이는 불가능합니다. 웨이브 댄스는 물론 허리를 구부리는 것, 물건을 잡아당겨 올리는 것도 불가능합니다. 관절은 움직임을 통해 신체 위치부터 감각적 느낌까지 적극적으로 뇌에 정보를 전달합니다. 관절이 똑똑하게 움직이고 야무지게 정보 전달을 하면 몸이 날렵해지고 뇌도 상쾌해집니다.

자폐 성향이 있거나 발달이 늦는 아이들 대부분이 신체를 주로 앞쪽으로만 움직이고 뒤나 옆, 아래쪽으로는 잘 움직이지 않으려고 합니다. 이로 인해 감각 발달과 대소근육 발달에 문제가 생기고 감각 통합을 비롯한 전반적인 발달이 지연됩니다. 따라서 관절이 건강하게 움직이기 위한 입체적인 신체 활동이 필요합니다.

관절은 뼈와 뼈 사이가 늘어날 때 연결해 주는 힘, 뼈와 뼈 사이가 좁아질 때 간격을 유지해 주는 힘을 가지고 있습니다. 예를 들어 철봉에 매달리면 체중 때문에 뼈와 뼈 사이가 벌어지는데, 관절이 뼈와 뼈 사이를 이어 주며 힘을 연결하는 역할을 합니다. 이때 손가락부터 손목, 팔꿈치, 어깨뼈까지 많은 뼈가 이어지고, 힘도 연결되어 자신의 체중을 지탱히는 능력을 갖추게 됩니다. 또 네 발로 기어가는 놀이를 하면 손목과 팔꿈치 아랫부분의 관절에 체중이 가해집니다. 손목 관절은 그 힘을 지탱하면서 자신의 신체를 일으키는 역할을 합니다. 팔꿈치 관절은 팔꿈치 아래 뼈와 위 뼈를 이어 주면서 체중이 잘 실리도록 도와줍니다. 또 두 뼈가 부딪쳐서 다치지 않게 하는 역할도 하며, 뼈에 근육이 붙을 수 있게 도와주기도 합니다.

이렇듯 관절이 기능하며 신체의 움직임이 다양해지고 건강한 감각 발달이 이뤄집니다. 아이와 함께 자기 몸 중심으로 밀어내는 몸놀이(엎드렸다가 일어나기, 엄마 몸 터널 빠져나오기 등)와 자기 몸 중심으로 잡아당기는 몸놀이(무거운 것 들기, 자기 힘으로 업히기, 매달리기 등)를 해 보세요.

느리고 서툰 아이 몸놀이가 정답이다

아이의 자아를 키우는
몸놀이

눈사람을 만들 때 작은 눈덩이를 계속 굴려서 크고 단단하게 뭉치 듯이 우리 아이들의 발달에도 눈덩이가 필요합니다. 발달에 필요한 눈덩이가 단단해져 유의미한 형태를 갖추게 되면 건강한 발달로 이어지게 됩니다. 아이의 작은 눈덩이를 찾아서 중심에 서게 해 주고, 그 눈덩이가 잘 커지고, 단단해지고, 웅장해지도록 해 주는 것이 발달 촉진의 핵심입니다.

그렇다면 아이의 발달에 필요한 눈덩이는 무엇일까요? 바로 '자아'입니다. 자아는 '자신에 대한 인식과 개념'을 뜻합니다. 그런데 볼 수도, 잡을 수도 없는 자아를 어떻게 살펴야 할까요? 막막하게 여겨질 수 있지만, 일상에서 우리 자신이 어떠한 상황에 잘 집중하는지 생각해 보면 어렵지 않습니다.

- 몸이 아플 때
- 감정에 휩싸일 때
- 잘 해내고 싶은 활동을 할 때
- 다른 사람과 대화하며 적극적으로 소통할 때
- 자신의 모습에 대해 생각할 때
- 자신을 표현하는 작업이나 운동을 할 때
- 문제의 해결 방법을 고민할 때

이 외에도 많을 것입니다. 아이들도 마찬가지입니다. 아프고, 배고프고, 졸리고, 힘들 때 자신에 대해 생각합니다. 불편하고, 힘들고, 슬프고, 즐거워서 감정을 표현할 때 자신을 알아 갑니다. 부모가 아이 몸을 만질 때 아이는 자신의 존재를 알게 됩니다.

부모가 아이 몸을 안아 줄 때 아이는 부모의 사랑을 느낍니다. 부모가 아이 배를 만져 줄 때 아이는 배탈이 낫고 편안함을 느낍니다. 엄마가 아이 머리를 쓰다듬어 줄 때 아이는 마음이 평안해집니다.

촉각은 내가 아닌 외부의 무언가가 '객관적으로 실재함'을 증명한다. 다른 어느 감각보다 확실하게 내가 아닌 무언가의 존재를 증명한다는 바로 그 사실이, 촉각에는 그만큼 나 자신의 주관이 가장 많이 개입된다는 증거가 된다. 내 몸의 경계 너머 '외부 어딘가'에 존재

느리고 서툰 아이 몸놀이가 정답이다

하는 객관적인 무언가를 느낄 때면, 나는 또한 나 자신의 존재를 느낀다. 타자와 자아를 동시에 느끼는 것이다. '촉각은 가깝고 시각은 멀다. 우리는 사람이든 사물이든 믿거나 좋아할 때에 접촉한다. 믿을 수 없고 두렵다면 거리를 두고 물러선다.

- 《터칭》 174~175쪽

아이의 자아를 확립해 주는 것 역시 아이의 몸을 적극적으로 사용하는 것에서 시작합니다. 내가 누구인지, 무엇을 원하는지, 무엇이 좋고 싫은지, 어떨 때 기분이 좋거나 슬픈지 몸을 사용하며 알아 갈 수 있습니다. 아이들이 건강하게 발달한다는 것은 타인이나 자신을 둘러싼 외부 환경과 활발히 소통한다는 것입니다. 즉, 아이가 마주한 환경이나 사람에게 자극을 받고 그에 따라 반응을 하는 것을 뜻합니다. 자극을 받아들이고 반응하다 보면 문제 해결 능력, 주도성, 적극성이 향상됩니다.

간혹 외부 환경의 자극을 받아들이지 않고 이전에 제한적으로 경험했던 것만을 반복해서 추구하려는 아이들이 있습니다. 이런 아이들은 외부 환경에 잘 반응하지 않고 다른 사람과 소통하려 하지 않습니다. 이런 아이는 문제가 있다고 스스로 인식하는 기회가 줄어들게 됩니다. 문제로 인식해야 생각을 하고, 문제를 해결하기 위해 몸을 쓰거나 적극적인 행동을 합니다. 그리고 이 과정이 확장되어 언어 발화로 이어집니다.

우리가 매일 몸놀이 하는 것은 아이가 외부 환경의 자극을 잘 받아들이게 하기 위함입니다. 몸과 몸의 접촉을 통해 적극적으로 생각하고, 주도적으로 움직이면서 문제를 해결하는 경험을 하게 해주기 위함입니다. 아이는 접촉을 하며 지금 상황에 집중하고 새로운 자극을 받아들이게 됩니다. 받아들인 자극을 통해 생각하고 소리를 내고, 말을 하고, 감정을 끌어올립니다. 이것은 자발적인 행동과 언어로 이어져 주도적이고 적극적인 모습으로 나타납니다.

이렇게 문제를 해결해 보는 경험은 또 다른 문제 상황을 맞닥뜨렸을 때 더 적극적으로 해결해 나가는 원동력이 됩니다. 문제 해결 경험이 많을수록 어떤 상황에서도 자신 있게 대처하고, 문제 해결 능력, 사고력, 창의력 모두 향상됩니다.

장난감, 책, 스마트폰은 이와 정반대의 상황을 만듭니다. 스스로 생각하고 상황을 주도적으로 해결할 필요 없이 만들어진 것들을 보고, 듣고, 소비하게 합니다. 아이는 지나치게 매력적으로 포장된 콘텐츠들을 보면서 쉽고, 편하고, 화려한 것에 익숙해집니다. 문제가 아닌 시선을 쉽게 끄는 것 위주로 선택하게 되고 문제에 직면했을 때 문제를 해결하는 게 아니라 회피하게 됩니다. 결국 아이의 생각은 점점 단조로워지고 입을 열어 말할 필요가 없어집니다.

아이는 자신을 둘러싼 상황, 사람들과 제대로 마주해야 합니다. 특히 사람들과 마주하며 문제 상황에 자주 노출되어야 합니다. 신체를 접촉하고 몸놀이를 하면서 생기는 다양한 문제 상황에서 생각하며 몸을 쓰고, 생각하며 문제를 해결하고, 생각하며 건강한 자아를 쑥쑥 키워야 합니다.

느리고 서툰 아이 몸놀이가 정답이다

몸놀이로 성장하는
아이의 자아

아이들의 모습은 크고, 세고, 많고, 다양해야 합니다. 아이의 행동이나 목소리가 '크다'는 것은 자아가 건강하게 성장하고 있다는 것입니다. 자아의 크기가 커진다는 것은 자기 생각과 감정, 느낌을 가지고 독립된 인격체로 잘 자라고 있음을 뜻합니다. 자아가 커지면 자신의 생각과 감정을 담은 건강한 자발어自發語(어떤 소리를 뜻 없이 기억하고 반복하는 것이 아니라 타인의 질문에 자기 의도를 담아 표현하는 것. 시키지 않아도 스스로 일상적으로 사용하는 언어)가 나오고, 자신의 의사를 표현하기 위한 폭넓은 의사소통이 이루어집니다. '크다'는 것은 어떤 형태일까요? 몸을 크게 움직여 뛰고 점프하고, 구르고, 까붑니다. 입도 크게 벌리고, 표정도 마구 찡그립니다.

크게 소리 지르고, 눈물, 콧물을 흘리며 펑펑 울고, 배꼽이 빠질 만큼 웃습니다. 얼굴이 새빨개질 정도로 화를 내고, 눈이 찢어질 정도로 삐져서 째려봅니다. 침대 위에서 뛰다가 거실 소파를 기어오르고, 화장실에 가서 물을 퍼 나르기도 합니다. 즉, 아이의 모습이 크다는 것은 작은 행동에서 큰 행동까지 다 섭렵해 아이가 할 수 있는 영역이 매우 넓어지는 것입니다.

'세다'는 것은 작은 힘, 큰 힘으로 할 수 있는 모든 것을 잘하는 능력을 말합니다. '많다'는 것은 생각이 다양해지고, 욕구가 커지고, 표현하고자 하는 의사가 많아지고 있다는 것입니다. 알아 가고, 소통하고, 표현할 재료들을 가득가득 가지게 됩니다.

아이들의 모습이 크고, 세고, 많고, 다양해지려면 어떻게 해야 할까요? 우리도 같이 크고, 세고, 많고, 다양하게 움직이고 행동하면 됩니다. 귀찮고 힘들어 보일 수 있으나 우리도 옛날에는 어린아이였습니다. 그때의 기억을 떠올리면서 잠시 어린 시절로 돌아가 아이와 함께 다음과 같은 몸놀이를 해 보면 어떨까요?

- 아이와 아주 크게 "야호~ 아바바바바! 아에이오우~" 소리 지르기
- 하마, 악어, 상어처럼 입을 쩍쩍 벌려서 크고 웅장한 입속 자랑하기
- 누구 입이 더 큰지, 누구 얼굴이 악어처럼 무시무시해지는지 마주 보며 표정 다양하게 쓰기
- 턱을 움직여 턱과 이빨의 강함을 나타내는 '딱딱딱' 소리 함께 내기
- 아이와 함께 뱀처럼 혀를 낼름 내밀어 혀 움직이기

느리고 서툰 아이 몸놀이가 정답이다

- 기린보다 더 길게 혀 내밀기
- 더우면 혀를 내밀고 헥헥 대는 강아지처럼 거친 숨을 쉬며 혀를 내밀어 혀와 입안에 공기가 한가득 들어오게 하기
- 젖소처럼 혀를 옆으로, 위로 말아 움직이기
- 팔을 쭉 벌려서 나비가 하늘을 훨훨 나는 것처럼 크게 흔들기
- 말처럼 발을 이리 휙! 저리 휙! 높고 빠르게 발차기하기

Chapter 3

몸을 관찰하면
우리 아이 발달이 보인다

발달이 느린 아이,
몸을 보면 알 수 있다

우리가 살아 있는 동안 하는 모든 움직임은 '몸'을 통해 이뤄집니다. 말할 때, 밥 먹을 때, 양치질할 때, 옷을 입고 벗을 때, 하품할 때, 화장실에 갈 때, 밖에서 뛰어놀 때 등 매 순간 몸을 씁니다. 몸은 평소 사용하는 방향대로 흔적을 남기기도 합니다. 몸을 움직이다가 넘어져서 다치면 흉터가 생깁니다. 우리 어릴 적 기억을 떠올려 보면 무릎에 흉터 하나쯤은 다들 있었습니다. 다쳐서 상처가 나고 흉터가 생기는 것 말고도 우리 몸에는 다양한 흔적들이 생깁니다. 자주 사용하는 신체 부위에 굳은살이 배기기도 하고, 많이 움직이는 곳에 탄탄한 근육이 생기기도 합니다. 많이 움직일수록, 활발하고 거칠게 움직일수록 몸에는 더 많은 흔적이 남습니다.

느리고 서툰 아이 몸놀이가 정답이다

또한 몸은 자주 쓰는 방향으로 효율적으로 움직이도록 몸의 형태와 자세를 만듭니다. 달리기를 좋아해서 매일 훈련하면 자연스럽게 팔과 다리가 균형 있게 움직이고, 반듯한 자세를 취하게 됩니다. 무거운 것을 자주 옮기는 사람은 무거운 물건을 옮길 때 자동으로 적절한 자세를 잡습니다. 신체 자세를 낮추고, 허벅지와 복부에 힘을 줘서 안정적으로 물건을 들어 올립니다.

아이의 몸에도 익숙한 방향으로 몸을 쓰며 생기는 몸의 형태와 자세가 있습니다. 따라서 아이 몸을 살펴보면 그동안 몸을 어떻게 썼는지 알 수 있습니다.

'아이의 소근육 발달이 정상 범주에 있나?'

'아이의 조음기관調音器官(입술, 이, 잇몸, 입천장, 혀, 인두 등 언어음을 만들어 내는 발음 기관을 통틀어 이르는 말)에 기능적인 문제는 없나?'

'우리 아이의 언어 발달은 현재 몇 살 수준인가?'

관찰 목적은 위처럼 아이 발달 정도를 확인하려는 것이 아닙니다. 아이의 몸을 보면서 조금 더 적극적으로 소통하고 아이 몸이 전하는 메시지를 통해 더 유익하게 몸놀이를 하기 위함입니다. 아이들의 몸은 매일 자랍니다. 오늘 관찰한 내 아이의 몸 상태는 영원히 지속되지 않습니다. 우리 몸은 변할 수 있으며, 특히 아이들의 몸은 더 크게 성장하고 발전할 수 있습니다.

이번 장에서는 아이가 몸을 건강하게 쓰고 있는지 신체 부위별로 관찰하는 방법과 신체 부위별 발달을 촉진하는 상호 작용 및 놀이를 소개합니다. 신체를 접촉하는 마사지, 행동 모방 놀이, 일상에서 가볍게 할 수 있는 스킨십과 움직임 위주로 소개할 예정이니 아이와 놀이를 하면서 자연스럽게 관찰해 보세요.

느리고 서툰 아이 몸놀이가 정답이다

우리 아이 몸 관찰 체크리스트와
Action List 활용법

아이의 몸을 살펴보고 뒤에 나오는 자료에서 소개하는 부위를 지시대로 만지거나 몸을 안고 아이의 반응을 살펴보세요. 아이가 잘 사용하지 않는 신체 부위가 어디인지 보고 그 부위를 자주 사용하도록 기회를 주어야 합니다. 아이가 평소 잘 사용하지 않는 부위는 접촉했을 때 거부 반응을 보일 수 있습니다. 특정 신체 부위를 자주 사용하지 않으면 그 신체 부위를 안 쓰는 쪽으로 습관이 굳어집니다.

예를 들면 평소에 음식을 잘 씹지 않고 무표정한 아이는 안면근육을 자주 사용하지 않습니다. 안면근육을 사용하지 않으면 안면근육을 적극적으로 사용해야 하는 '말'도 잘 하지 않습니다. 즉, 언어 발달이 지연됩니다. 또 입술을 모아서 촛불을 끄거나 피리를 부는 놀이도 거부할 수 있습니다. 결국 호흡량이 부족해져서 혈액순환이 원활하지 않고, 면역력이 떨어지게 됩니다.

아이가 자주 사용하는 신체 부위가 어디인지 살펴보세요. 자주 사용하지만, 단순하고 제한적인 움직임으로 특정 행동을 반복할 수 있습니다. 익숙한 신체 부위만 사용해 편하고 쉬운 움직임을 추구하는 것입니다. 이러한 제한적인 움직임을 찾아서 다른 신체 부위와 연결해 몸을 더 폭넓게 쓰도록 기회를 제공해야 합니다.

예를 들어, 손끝을 자주 사용하는 아이는 손끝으로 손톱을 뜯고 손톱 주변을 계속 긁습니다. 이 과정이 반복되면 손에는 상처가 생기고, 굳은살이 배기기도 합니다. 손끝만 사용하니 손바닥과 팔을 연결해서 쓰지 않게 되어 무거운 것을 잘 들지 못합니다. 촉감 놀이를 할 때도 다양한 모양이 나오지 않고, 손끝으로 수제비 떼는 식의 단조로운 활동만 반복합니다.

· 안 쓰는 신체 부위 관찰→자주 사용하도록 접촉
· 단순하게 쓰는 신체 부위 관찰→다른 신체 부위와 연결해서 사용하도록 접촉

다음부터 소개할 해당 신체 부위별 관찰자료 뒤에 'Action List'가 있습니다. 기회가 될 때 꼭 해 보시기 바랍니다. 아이에게 몸을 조금 더 다양하게, 똑똑하게 사용하는 풍성한 경험을 제공할 수 있습니다. Action List는 다음과 같이 진행하면 좋습니다.

- 접촉을 통해 아이가 그 부위를 적극적으로 인식할 수 있게 쓰담쓰담, 주물주물, 토닥토닥 마사지하듯이 시작합니다.
- 부모가 먼저 그 신체 부위를 재미나게 움직이는 모습을 보여 줍니다. 부모의 모습을 본 아이는 흥미가 생기고, 함께 몸을 움직여 놀이하려는 자발적 동기가 형성됩니다.
- 신체 부위를 함께 움직이는 스킨십, 신체 접촉, 몸놀이를 꾸준히 하는 것이 좋습니다.

우리 아이 몸 관찰 1.
얼굴과 안면근육

얼굴은 우리가 가장 자주 보는 부위입니다. 특히 아이를 키우는 엄마는 육아하면서 수시로 아이의 얼굴을 바라봅니다. 아이가 밥을 먹을 때 입 주변에 음식이 묻지는 않는지, 꼭꼭 씹어서 잘 먹고 있는지, 먹다가 뱉지는 않는지, 음식이 뜨거워 얼굴을 찌푸리지는 않는지 얼굴과 입 주변을 살펴봅니다. 아이를 재울 때도 눈을 감았는지, 잠에 깊게 빠졌는지 얼굴을 보면서 확인합니다. 그만큼 얼굴과 안면근육은 다양한 상황에서 바라보고 관찰하게 됩니다.

안면근육은 말할 때 가장 적극적으로 사용됩니다. 아이의 언어 발달이 느리거나 발음이 부족하다면 안면근육을 잘 사용하는지, 입술 주변과 구강 내의 움직임은 어떤지 관찰해야 합니다.

느리고 서툰 아이 몸놀이가 정답이다

안면근육의 다양한 쓰임

① 우리 아이 안면근육 사용 체크리스트

구분	체크 사항	바로 거부	3~5초 응하며 탐색	접촉을 즐김
안면근육을 접촉했을 때 반응	눈 주변 및 눈 아래를 살짝 누르거나 만졌을 때	●—————	—●————	————●—
	입을 크게 벌리도록 턱 사이를 벌려 줬을 때	●—————	—●————	————●—
	양 볼을 잡고 마사지하듯 주물렀을 때	●—————	—●————	————●—
	눈 가리고 까꿍 놀이	●—————	—●————	————●—

구분	체크 사항	없음	있음
제한적, 반복적 사용 여부	아랫입술 물고 있기	☐	☐
	입 자주 벌리기	☐	☐
	작은 물건 입에 물고 있기	☐	☐
	쪽쪽이 물고 있기	☐	☐
	손가락 입에 넣기	☐	☐
	혀끝 위주 사용	☐	☐
	이 갈기(치아 마모 여부)	☐	☐
	턱 내밀기	☐	☐

구분	체크 사항	없음	있음
아이가 모방할 수 있는 동작	윙크하기	☐	☐
	립 제품 바르기	☐	☐
	메롱 하기	☐	☐
	펭귄 입 하기(입술 모으기)	☐	☐
	양칫물 뱉기	☐	☐
	꽃받침 하기	☐	☐

구분	체크 사항	거부함	수용함
안면근육 자극 수용 or 거부 반응	마스크 쓰기	☐	☐
	립 제품 바르기	☐	☐
	로션 바르기	☐	☐
	양치하기	☐	☐
	컵으로 물 마시기	☐	☐
	세수하기	☐	☐

구분	체크 사항	거부함	수용함
식습관 중 자극 수용 or 거부 반응	새로운 음식 맛보기	☐	☐
	크게 입 벌려 먹기	☐	☐
	꼭꼭 충분히 씹어 먹기	☐	☐
	퍽퍽한 음식 꿀꺽 삼키기	☐	☐
	큼직한 음식 먹기	☐	☐
	국물 없이 밥 먹기	☐	☐

구분	체크 사항	수시로 함	가끔 (1일1회이하)	한 적 없음
안면근육 사용 반사적 행동 유무	입 크게 벌려 하품하기	☐	☐	☐
	재채기하기	☐	☐	☐
	맹꽁 놀이(코 잡기)할 때 입으로 숨쉬기	☐	☐	☐
	콧물 나면 닦거나 들이마시기	☐	☐	☐
	침이나 음식물 흘릴 때 입술 다물기	☐	☐	☐

느리고 서툰 아이 몸놀이가 정답이다

구분	체크 사항	그렇다	그렇지 않다
웃거나 울 때 안면근육 모습	울 때 눈물, 콧물이 충분히 남	●———●———●	
	크고 길게 소리를 냄	●———●———●	
	웃거나 울 때 목젖이 보일 정도로 턱을 크게 벌림	●———●———●	
	웃거나 울 때 눈 주변 근육 움직임이 많음	●———●———●	

② 체크리스트 활용팁

· 안면근육을 접촉했을 때 반응

접촉하자마자 3초 이내로 거부 반응을 보인다면 자주 사용하지 않았을 가능성이 큽니다. 아이가 3~5초 정도 기다리며 '엄마가 나를 만져 주네. 좋은 건가? 재밌는 건가?'라고 생각하고 소통하는 반응과 흐름이 있는 것이 좋습니다. 평소 다양한 상황에서 안면근육을 폭넓게 사용하면 안면근육 발달이 건강하게 이루어지고, 타인과 신뢰 있는 관계를 형성하게 되어 얼굴을 만지는 상황을 충분히 즐기게 됩니다.

· 제한적, 반복적 사용 여부

습관적으로 반복하는 움직임이 있는지 살펴보는 항목으로 아이가 멍하게 있거나 혼자 놀고 있을 때 자세히 관찰해 보면 좋습니다.

모방한다는 것은 그 신체를 인식하고, 조절하며 사용할 줄 안다는 뜻입니다. 놀이하듯이 유도하면서 엄마 아빠의 모습을 모방하는 시간을 가져 보세요.

• 안면근육 자극 수용 or 거부 반응

새롭고 낯선 자극을 수용 또는 거부하는 모습입니다. 안면근육을 더 많이, 더 확장해 사용하는 것을 받아들이는지, 아니면 거부하며 저항하는지 살펴봅니다. 이 항목을 체크한 뒤 거부 반응이 있는 항목은 시간적 여유를 가지고 단계적으로 경험하게 해 주면 좋습니다.

> 예) 로션 바르기: 로션을 아이 손에 바르기→ 아이가 엄마 얼굴에 로션 발라 주기→ 아이 얼굴에 살짝 바르고 "예쁘다. 피부가 좋아졌네. 촉촉하고 너무 좋다." 긍정적 언어로 호감 높이기→ 아이 얼굴 전체에 바르고, 아낌없는 칭찬과 격려하기. "우리 아들 이제 다 컸다. 엄마 아빠처럼 로션도 씩씩하게 잘 바르고, 아주 최고야! 짱! 잘했어요. 짝짝짝!"

• 식습관 중 자극 수용 or 거부 반응

음식을 먹을 때 안면근육을 많이 사용합니다. 안면근육을 잘 사용하지 않으려는 아이는 먹을 때도 특유의 습관과 특징이 있을 수 있습니다. 체크해 보시고, 식습관을 언급된 항목대로 점차 개선해야 합니다.

· 안면근육 사용 반사적 행동 유무

안면근육을 잘 사용하지 않으면 몸의 반사적 행동에서도 안면 근육을 잘 사용하지 않습니다. 예를 들어 평소에 입을 크게 벌리지 않는 아이라면 하품도 입을 다문 상태로 부자연스럽게 할 수 있습니다. 평소에 아이를 잘 관찰하면서 체크해 보시기 바랍니다.

· 웃거나 울 때 안면근육 모습

안면근육을 가장 적극적으로 쓸 때가 깔깔깔 웃거나 펑펑 울 때입니다. 아이가 웃거나 울 때 얼굴 모습이 어떤지 관찰해 보시기 바랍니다.

아이는 자신의 얼굴과 입 주변, 입 안의 호흡 및 발성기관을 적극적으로 인식하면서 자신이 목소리를 어떻게 내는지 알아 가게 됩니다. 함께 다양하게 움직이는 과정 속에 아이의 감각 발달이 촉진되고, 언어 발달이 건강해집니다.

- ☐ 누가 더 빠르게 혀를 움직이나 시합하기
- ☐ 누구 혀가 더 긴지 메롱하듯 내밀기
- ☐ 강아지처럼 혀 내밀고 헥헥 소리내기
- ☐ 상어나 악어처럼 입 벌려 잡기 놀이
- ☐ 입으로 방귀 소리 내기
- ☐ 오리 입처럼 쭉 내밀기
- ☐ 입술 다물고 힘 있게 푸~
- ☐ 눈싸움하기(눈 크게, 오래 뜨고 있기)
- ☐ 눈 잡고 새우 눈 흉내 내기
- ☐ 윙크하기
- ☐ 눈 가리고 술래잡기하기
- ☐ 손으로 볼 두드리며 화장 놀이
- ☐ 서로 볼 만지며 꼬집듯이 마사지
- ☐ 맹꽁 놀이(코 잡고 맹맹~)
- ☐ 매콤한 음식 먹어 보기

- ☐ 입이 시원해지는 립 제품(멘톨 성분 있는) 써 보기
- ☐ 차가운 음식 먹어 보기
- ☐ 동물 소리, 동물 표정 따라 하기
- ☐ 귀 잡고 원숭이 흉내 내기
- ☐ 얼굴과 목 간지럼 태우기
- ☐ 얼굴에 손가락 대며 애교 부리기
- ☐ 복어처럼 볼 빵빵하게 입 안에 바람 넣기
- ☐ 서로 이마 대고 부비부비
- ☐ 서로 볼 맞대며 부비부비
- ☐ 촛불 불기
- ☐ 콧구멍 벌렁벌렁 해 보기
- ☐ 입 크게 벌려 '아에이오우'
- ☐ 입 주변 두드리며 인디언밥 소리내기
- ☐ 턱 크게 움직여 턱 부딪치는 소리내기

우리 아이 몸 관찰 2.
호흡과 안색

제가 아이들을 관찰할 때 먼저 살펴보는 게 있습니다. 바로 안색입니다. 아이들 얼굴에는 발그레하게 꽃처럼 화사한 혈색이 돌아야 합니다. 그런데 얼굴이 하얗다 못해 창백하거나 판다가 떠오를 만큼 눈 밑에 진한 다크서클이 있는 아이들이 있습니다.

최근 새로운 아이 둘을 만나 수업을 했는데, 한 명은 36개월, 다른 한 명은 30개월인 남자아이들이었습니다. 그런데 두 아이 모두 다크서클이 있었고, 안색이 밝지 않았습니다. "아이에게 혹시 비염이 있나요?" 저는 아이들 부모님께 질문했습니다. 두 아이의 부모님 모두 그렇다고 대답했습니다. 비염이 있으면 비강鼻腔에 혈액순환이 원활하지 않아 일시적으로 다크서클이 생길 수 있습니다. 하지만 비염으로 고생하는 날 이외에도 아이들 눈 밑에는 늘 다크서 클이 어둡게 자리 잡고 있었습니다.

이런 일도 있었습니다. 한 아이의 얼굴이 매우 창백해 보였습니다. 입술 색도 안 좋고, 얼굴에는 핏기가 하나도 없었습니다. 저는 아이에게 다가가서 몸 여기저기를 만져 주고 얼굴 마사지도 해 주었습니다. 그러자 금세 얼굴이 발그레해지기는 했으나 몸 상태가 좋지 않은 것 같았습니다. 주말이 지나자 아이의 어머니에게 연락이 왔습니다. 아이가 주말에 경기를 하고 몸이 경직되었다고 합니다. 그래서 병원에 가서 정밀검사를 받아야 한다고 했습니다. 결국 병원 검진 때문에 아이는 수업을 중단하게 되었습니다.

요즘에도 종종 연락을 주시는 어머니 말을 들어 보니 수업을 중단한 뒤로 집에서 아이 몸이 더 자주 경직된다고 합니다. 특히 밤에 증상이 더 심하다고 했습니다. 이 아이는 몸이 경직될 만큼 어딘가가 안 좋아서 혈색이 나빴던 걸까요? 정확히 알 수는 없지만 창백한 안색, 눈 밑 다크서클이 아이의 상태를 어느 정도 설명해 주는 것 같았습니다.

호흡이 활발해야 코나 목(기도) 쪽에 쌓여 있던 이물질이 호흡을 통해서 몸속으로 들어가거나 밖으로 튀어나옵니다. 호흡이 활발하지 않으면 호흡이 오가는 곳에 이물질이 오래 머물게 됩니다. 코와 목에 머물러 있는 이물질들은 결국 염증을 일으켜 비염이 생깁니다. 비염 때문에 호흡이 짧고 약해지고 염증으로 인해 차오른 콧물, 가래가 호흡기에 오래 머물며 다크서클이 생기게 됩니다. 다

느리고 서툰 아이 몸놀이가 정답이다

크서클이 있었던 아이와 안색이 좋지 않았던 아이. 이 아이들 모두 건강하지 않은 호흡이 원인이지 않을까요?

- 말을 할 때가 되었는데 말을 하지 않는 아이들
- 생일 케익의 촛불을 끄지 못하는 아이들
- 뿌뿌 소리기 나는 피리를 불지 못하는 아이들

저는 위와 같은 행동을 보이는 아이들을 만나면서 호흡에 관심을 갖게 되었습니다. 그리고 수많은 아이를 만나 본 결과, 다음과 같은 결론을 내릴 수 있었습니다.

- 몸을 쓰지 않아 평소에 적극적으로 호흡할 기회가 적었다.

호흡이라고 모두 다 똑같지 않습니다. 잠을 잘 때는 색색거리며 얕은 호흡을 하고, 전력으로 달리거나 힘 쓰는 운동을 할 때는 거친 호흡이 이뤄집니다. 즉, 가만히 있으면 호흡이 짧고 약하게 이뤄지고 몸을 움직일수록 호흡이 빠르고 거세집니다.

- 미디어 매체에 노출되어 호흡이라는 것을 제대로 이해하지 못했다.

색깔, 빛, 모양, 형태 등이 빠르게 움직이는 미디어에 자주 노출되면 눈으로 보는 것들 위주로 경험하게 됩니다. 즉, 시각적인 것 위주로 관심이 생기고, 눈으로 보이는 것만 이해하게 됩니다. 호흡은 눈으로 보이지 않습니다. 입과 코에 바람이 오가는 느낌으로 호흡을 이해할 수 있습니다. 호흡이 무엇인지 알지 못하면 아이는 "입으로 후 불어 봐"라는 말을 제대로 이해하고 행동하지 못합니다.

우리가 아이의 호흡에 특별한 관심을 가져야 하는 이유는 아이의 언어 발달 때문입니다. 우리는 기본적으로 살기 위해서 호흡하지만, 말하기 위해서도 끊임없이 호흡합니다. 호흡 없이는 언어 발화가 불가능합니다. 아이가 말을 더 잘하려면 호흡을 잘 조절해야 합니다. 크게 말하려면 호흡을 크게 들이마셨다가 내뱉어야 하고, 문장을 끊기지 않게 말하려면 호흡을 충분히 들이마셨다가 천천히 내뱉으면서 말해야 합니다.

아이가 건강하게 성장하려면 호흡을 잘해야 합니다. 사람들과 원활하게 소통하기 위해서도 잘 호흡해야 합니다. 평상시 활발한 호흡을 하는 상황은 다음과 같습니다.

- 크게 소리 내서 꺼이꺼이 울 때

- 배꼽 빠지게 깔깔깔 웃을 때

- 호흡을 인식하며 호흡으로 놀이 할 때(입으로 바람 불기, 풍선 불기, 촛불 끄기, 피리 불기, 코 풀기 등)

- 달리다 넘어져 숨 고를 때

- 전력으로 달려서 호흡이 가빠져 헉헉거릴 때

- 무거운 것을 들면서 몸에 힘을 세게 줄 때

느리고 서툰 아이 몸놀이가 정답이다

- 화가 나서 콧구멍을 벌렁거리며 씩씩거릴 때

- 속상해서 한숨을 푹푹 쉴 때

- 적극적으로 냄새 맡을 때

- 크고 길게 소리 지를 때(야호~ 아바바바~)

  우리 아이가 활발히 호흡하며 언어 발달이 건강하게 이루어질
수 있도록 위와 같은 경험을 제공해 주시기 바랍니다.

우리 아이 몸 관찰 3.
우는 모습

부모는 아이가 울면 왜 우는지 이유를 파악하고 재빠르게 달래 주느라 아이의 우는 모습을 제대로 보지 못하는 경우가 많습니다. 하지만 아이의 우는 모습을 자세히 관찰하면 알 수 있는 것이 많습니다.

· 건강한 호흡

· 우렁찬 발성

· 조음기관의 움직임

· 턱의 움직임 반경

· 설소대 길이, 편도 비대 유무

· 안면근육 사용 정도

- 시각 추구, 청각 추구 유무
- 주의력, 집중력의 정도
- 아이의 애착 대상자
- 감정 발달과 감정 조절 능력
- 아이의 언어 발달에 문제가 되는 요소
- 정서적 안정 여부
- 양육 환경의 과잉 수용 정도
- 아이의 자아상(자존감)

　이뿐만 아니라 아이의 울음을 통해서 알 수 있는 것들은 훨씬 더 많습니다. 아이의 우는 모습에 아이의 거의 모든 것이 함축되어 있다고 해도 과언이 아닙니다. 그래서 저는 아이의 발달이 궁금해서 찾아오시는 부모님들과 상담하면 아이의 울음을 반드시 체크합니다. 다음 항목을 보고 우리 아이는 몇 가지 항목에 해당하는지 체크해 보세요.

- 잘 울지 않는다.
- 울음소리가 짧게 여러 번 반복된다.
- 본격적으로 울음이 시작되기까지 시간이 오래 걸린다.
- 울음소리의 톤이 높고 얕다. 찢어지는 소리가 난다.
- 울다가 기계 소리나 노랫소리를 낸다.
- 울 때 '으~', '이~' 소리가 난다.

- 우는 표정이 단순하다(입을 가리면 우는 표정인지 무표정인지 알 수 없다).
- 눈을 감고 운다.
- 울 때 소리는 지르는데 눈물은 잘 니지 않는다.
- 울음의 끝이 짧다.
- 상황을 모르겠는데 이유 없이 운다.
- 넘어져서 아플 때, 엄마랑 떨어질 때 등 울어야 할 때 울지 않는다.

위의 항목 중 3가지 이상 해당된다면 아이가 건강하게 울 기회를 적극적으로 만들어 줘야 합니다. 최근 아이 울음소리를 듣고 피드백드렸던 사례를 소개해 보겠습니다. 우리 아이의 울음소리를 떠올리며 비교해 읽어 보세요.

느리고 서툰 아이 몸놀이가 정답이다

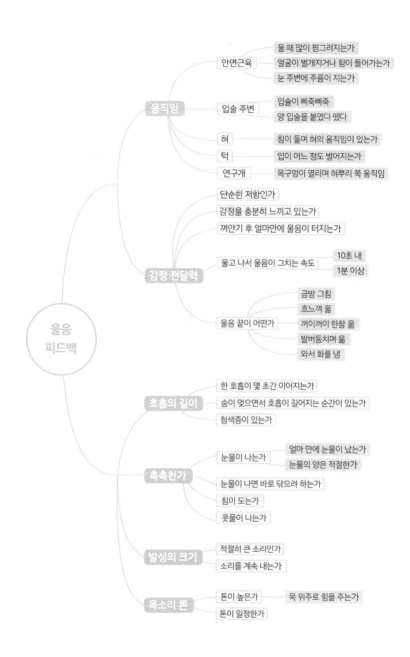

아이의 우는 모습으로 판단할 수 있는 것들

아이의 울음은 가장 기초적인 표현 수단입니다. 표현하지 않으면 소통 능력은 향상될 수 없습니다. 또한 울음은 생후 초기 발달에 가장 핵심적인 감각과 감정 발달에 절대적인 영향을 미칩니다. 잘 울면서 감각과 감정이 발달되어야 언어, 감각, 사회성 발달이 건강하게 이루어집니다.

아이 이름: 연령: 담당: 관찰 일시: 20 . .

안면근육 사용

·턱 움직임   소극 •——• 적극

·입술 떨림   없음 •——• 있음

·혀 떨림   없음 •——• 있음

·연구개 떨림   소극 •——• 적극

·눈 주변 움직임   소극 •——• 적극

·입술 움직임   소극 •——• 적극

호흡과 발성

·호흡 길이   짧음 •——• 적절

·발성 크기   약함 •——• 강함

·패턴화된 소리   ☐ 있음   ☐ 없음

·청각 추구적 소리   ☐ 있음   ☐ 없음

·눈물, 콧물, 침 분비 부족 •——• 충분

·단순 발성 유무   ☐ 으~~   ☐ 이~~

울음 세부 반응

·울음의 시작   느림 •——• 적절

·울음의 끝   짧음 •——• 적절

·타인 탐색   짧음 •——• 적절

·시각 추구적   느림 •——• 적절
  반응

·감정 조절 능력   미숙 •——• 능숙

·울음 중 언어 표현   ☐ 있음   ☐ 없음

·울음 후 애착 대상
    ☐ 사람 ☐ 사물 ☐ 시/청각

·감정 조절 어려움에 따른 특정 행동 유무
    ☐ 깨물기 ☐ 꼬집기 ☐ 토하기
    ☐ 때리기 ☐ 없음

* 이 설문지는 진단, 평가를 위한 도구가 아닙니다. 아이의 성장, 발전 과정을 알아보기 위한 도구입니다. 아이의 현 반응은 결정되고 고착된 것이 아닙니다. 지금도 변화하고 있고, 앞으로도 성장할 것입니다.

울음소리	피드백
전반적으로 건강한 울음소리	• 입술 주변 움직임이 많고 다양한 조음이 충분하게 들림 • 턱과 혀의 움직임이 많고 눈물, 콧물 넘어가는 촉촉한 소리도 잘 들림 • 호흡 길이도 괜찮은 편
울면서 '도와줘'라는 말을 끊임없이 반복 (다른 말은 하지 않고, '도와줘'라는 말만 함)	• 한 가지 상황과 말을 공식처럼 외우고 있을 가능성 • 학습식, 주입식 언어교육을 하고 있을 가능성 • 일부 제한된 언어로만 상황을 해결하려고 하고, 몸을 써서 해결하려는 의욕이 적을 수 있음
가끔 울음소리 끝에 우는 건지 웃는 건지 모를 소리가 들림	• 감정 경험이 적었을 가능성 있음 • 아이가 타인의 감정을 잘 읽어 내는지, 타인의 표정을 잘 살피는지 관찰해 보기 • 몸을 다양하게 써서 빠져나오고 힘 쓰는 활동 필요

5세 남아, 눈 맞춤을 하지 않고 숫자와 글자에 집착하는 성향이 있음

울음소리	피드백
혀뿌리로 목 천장을 막는 소리	• 입으로 쉬는 들숨, 날숨이 소극적 • 턱의 움직임 반경이 좁음 • 입천장과 혀의 위아래 움직임이 적음
울음 초반에 톤이 매우 높은 돌고래 소리	• 입안과 성대가 폭넓게 움직여지지 않음
1~2초로 짧게 반복되는 소리(짧은 호흡)	• 긴 소리를 우렁차게 내는 호흡과 발성이 부족
마른 울음소리 (눈물, 콧물 섞인 소리가 아님. 즉, 눈물, 콧물이 나지 않고 소리로만 울음)	• 배에 힘을 주고 거친 호흡을 해서 턱, 혀, 성대, 입안 전체에 적절한 힘이 들어가도록 해야 함 • 거친 호흡을 해서 경구개(입천장)가 열려야 다양한 조음 가능 • 눈물이 잘 나지 않는 것으로 보아 감정 경험이 부족할 수 있음
입술 주변, 혀와 턱의 움직임이 적게 느껴지는 울음소리(으앙~ 하고 우는 게 아니라 으…… 하고 울음)	• 안면근육 마사지와 입 주변 자극 필요 (오리 입, 돼지 입 모양 만들기 유도)

느리고 서툰 아이 몸놀이가 정답이다

울음소리	피드백
약 4분이 지날 때까지 울음이 확 트이지 않고 울다 끊기기를 반복	• 자신의 감정을 담아 소리 내는 것이 어색함. 평소 소리를 자주 내지 않았을 것으로 추측 • 감정과 언어를 연결하는 경험이 적었을 가능성이 있음
몸은 전혀 움직이지 않고(움직임으로 인한 목소리 변화가 전혀 없음) 엄마만 반복적으로 계속 부름	• 엄마와의 유대감 좋음 • 말만 하고 힘으로 빠져나오려는 시도는 느껴지지 않음 • 상대방의 말소리(청각 자극)만 수용하고 타인의 표정이나 행동 탐색은 수동적일 가능성
• 울음소리와 말의 힘이 약함 • 초반 울음은 짧지만 4분 이후 호흡이 길어지고 발성이 커지고 소리 톤이 다양해짐	• 충분한 감정 경험, 신체 활동 경험을 통해서 호흡, 발성, 조음기관 사용 빈도를 늘려야 함
• 4분 이후 촉촉한 울음소리 • 감정 조절이 안 되어 찢어지는 목소리	• 평소 발성을 폭넓게, 힘 있게 써 본 경험이 적었을 가능성이 큼 • 부모와 함께 크고 긴 소리를 자주 내는 놀이 추천(인디언밥, 야호~)
• '괜찮아', '울지마' 등 비슷한 상황에서 엄마에게 들었던 말을 반복적으로 함 (지연 반향어) • 울다가 갑자기 노래를 부르거나 갑자기 딱딱한 말투로 말함	• 기계 소리, 노래 소리 등에 노출을 줄이거나 없애야 할 필요가 있음 • 아이와의 적극적인 접촉과 소통 필요 • 몸놀이로 몸의 감각과 감정을 말과 연결하는 경험을 제공해야 함

울음소리	피드백
전반적으로 목소리 톤이 높고, 흔들림과 떨림이 많음	• 소리를 길고 우렁차게 낼 때 필요한 근력이 부족함 • 몸통에 힘이 들어가는 활동을 해야 함 • 배와 등에 적절한 압박을 주는 활동과 몸에 힘을 쓰는 몸놀이를 해야 함
다소 찢어지는 목소리, 호흡이 짧은 편	• 짧은 문장 위주의 제한된 언어 구사와 연관 있을 가능성
울면서 상황에 적절하거나 적절하지 않은 여러 말과 지연 반향어를 함	• 책을 읽는 듯한 부자연스러운 억양 • 소리 나는 장난감이나 책, 미디어에 자주 노출되었을 가능성 • 편하고 수용적인 양육 환경으로 인해 타인에 대한 소극적 관심 • 불편하고 낯선 다양한 경험(낯선 사람 초대, 친구 집에 놀러 가기 등) 필요

우리 아이 몸 관찰 4.
손과 팔

지금 아이의 팔을 한번 잡아 보세요. 팔뚝 근육은 별로 없는데 손목 위쪽 근육만 조금 있나요? 아니면 손과 팔 어디에도 근육이 없나요? 그렇다면 그동안 아이의 손과 팔 사용이 소극적이었다는 뜻입니다.

아이가 평소에 손을 올바로 사용하지 않으면 부적절한 행동이 늘어납니다. 대표적인 증상이 손 상동행동입니다. 손을 꼬고, 흔들고, 털고, 두드립니다. 손 상동행동은 자폐 성향적 행동 중에서도 소거하는 데 가장 오래 걸리는 증상 중 하나입니다. 따라서 아이가 손을 적극적으로 사용하게 해야 합니다.

아이의 손바닥을 쫙 편 다음 엄지와 검지 사이를 살펴보세요. 매달리거나 촉감놀이할 때 손을 움직이는 아이의 엄지 검지 사이도 관찰합니다. 아이의 엄지와 검지 사이가 다음 중 어떤 모양과 비슷한가요?

- 'V' 모양(0~30도): 손 사용이 소극적이고, 손 사용 경험이 매우 적은 아이입니다. 작은 힘으로 두드리거나 터는 동작을 자주 할 가능성이 있습니다. 엄지를 벌려서 큰 물건을 잡거나 자신의 신체를 지탱하기 위해 몸을 사용한 경험이 적었을 것입니다.
- 'L' 모양(30~60도): 한 손에 들어오는 장난감이나 크지 않은 사물 탐색은 충분히 있었을 것이나 상대적으로 몸 전체를 함께 움직이는 대근육 활동이 적었을 수 있습니다. 근력이 부족하거나 사물 위주의 탐색이 많았던 아이일 가능성이 있습니다.
- 'C' 모양(60~90도): 손 사용을 적극적으로 한 아이입니다. 눈·손 협응 능력뿐만 아니라 감각 통합도 건강할 것으로 예측됩니다. 몸을 충분히 적극적으로 사용하며 활동성 있는 경험을 했을 것입니다.

엄지손가락은 다른 손가락에 비해서 두껍고 짧습니다. 다른 손가락과 함께 어울려 물건을 잡기도 하고, 자기 몸을 일으키거나 매달리기도 합니다. 이때 엄지손가락이 더 힘 있게, 더 균형적으로 매달리고 잡을 수 있도록 다른 손가락과 손바닥을 받쳐 주는 지지대 역할을 합니다. 또 엄지손가락은 다른 손가락에 비해 더 입체적으로 움직이고, 다른 손가락과 분리되어 있어 움직임 반경이 훨씬 더 넓습니다. 이렇게 중요한 역할을 담당하는 엄지손가락과 나머지 손가락을 얼마나 잘 사용했는지에 따라서 엄지와 검지 사이의 모양이 달라지게 됩니다.

손가락 모양만 보고 아이의 모든 면을 이해할 수는 없습니다. 하지만 아이의 몸은 거짓말을 하지 않습니다. 아이의 몸을 충분히 살펴보고 참고해야 합니다. 이를 통해 아이에게 어떤 놀이와 경험이 더 좋은지 적절하게 분별할 수 있습니다.

② 손끝을 꾹 눌렀을 때 반응

아이의 손끝을 약간 아플 정도로 꾹 누르거나 아이 손바닥을 주먹으로 권투하듯이 두드려 보세요. 우리는 손에 가해진 자극이 불편하거나 아프게 느껴지면 내 몸 중심으로 손을 끌어당기면서 피합니다. 손을 보호하기 위해 반사적으로 나의 몸쪽으로 손을 움직이는 것입니다. 하지만 손과 팔에 대한 인식이 부족한 아이는 손끝을 꾹 누르거나 손바닥에 주먹을 쾅쾅 두드렸을 때 손을 쳐다보고만 있거나 몸만 뒤로 젖히지 손을 잡아당기지는 못합니다. 또 혀를 내밀거나 발만 동동 구를 뿐 손을 자신의 몸 중심으로 끌어 피하지 못합니다.

왜 이런 모습을 보이는 걸까요? 손과 팔 사용의 방향성이 잘못되었기 때문입니다. 아이는 태어나서부터 손과 팔을 부지런히 사용합니다. 모유를 잘 먹기 위해 엄마의 손이나 가슴을 꼭 잡아당기고, 엎드려서 몸을 일으키기 위해 팔을 쭉 뻗고, 네 발로 기고 몸의 균형을 맞추기 위해 팔에 안간힘을 씁니다. 제게 찾아오는 아이들을 보면 잘 기어 다니지 않았거나 기는 시기가 매우 짧았던 경우가 많습니다. 아이는 필요한 신체 활동을 하며 손과 팔로 자기 몸 중심으로 잡아당기거나 밀어내고, 지탱하거나 매달릴 수 있어야 합니다.

손과 팔을 활동적으로 사용하지 않고 장난감을 만지며 소극적으로 사용한 아이들은 장난감이 없을 때 본인의 손을 장난감처럼 사용합니다. 손을 흔들고, 손가락을 꼬고, 손을 계속 쳐다보는 등의 행동을 합니다. 손에 느껴지는 감각을 거부하고 낯선 것이 묻거나 밴드 붙이는 것을 매우 싫어합니다. 아이가 숫자, 글자, 알파벳, 책 등 시각적 자극을 주로 경험했다면 손으로 숫자나 글자, 도형 모양을 만들거나 책을 보는 것처럼 손을 펴서 자신의 손바닥을 쳐다봅니다.

③ 우리 아이 손 사용 체크리스트

구분	체크 사항	과소	보통	과잉
접촉 시 아이의 손 반응	손끝 자극 시	●——●——●——●——●		
	손을 깍지 꼈을 때	●——●——●——●——●		
	손을 힘 있게 맞잡았을 때	●——●——●——●——●		
	손을 3분 이상 잡고 있었을 때	●——●——●——●——●		

구분	체크 사항	할 수 있음	하지 않음
아이가 모방할 수 있는 동작	주먹	☐	☐
	엄지 척	☐	☐
	박수	☐	☐
	브이	☐	☐
	오케이	☐	☐
	손가락 접기	☐	☐

구분	체크 사항	눈, 손 협응 지속 시간 (오른쪽으로 갈수록 적극적)
눈, 손 협응 지속 시간	숟가락, 포크로 먹기	●——●——● ☐↓ 3초 ↑☐
	양말 신기	●——●——● ☐↓ 3초 ↑☐
	지퍼 올리기	●——●——● ☐↓ 3초 ↑☐
	신발 신기	●——●——● ☐↓ 3초 ↑☐
	물건 줍기	●——●——● ☐↓ 3초 ↑☐
	끄적거리기	●——●——● ☐↓ 3초 ↑☐

구분	체크 사항	상동행동 발생 횟수	상동행동을 자주 하는 상황 (1. 잠자기 전 2. 수시로 3. 심심할 때 4. 낯선 장소에서)			
손 상동행동	손 털기	□↓ 하루 3번 ↑□	1	2	3	4
	손 흔들기	□↓ 하루 3번 ↑□	1	2	3	4
	손에 작은 물건 쥐고 있기	□↓ 하루 3번 ↑□	1	2	3	4
	손 꼬기	□↓ 하루 3번 ↑□	1	2	3	4
	두드리기	□↓ 하루 3번 ↑□	1	2	3	4
	손 마주치기	□↓ 하루 3번 ↑□	1	2	3	4
	사물 중심 탐색	□↓ 하루 3번 ↑□	1	2	3	4
	일부 촉감각 추구	□↓ 하루 3번 ↑□	1	2	3	4

구분	체크 사항	거부함	거부하지 않음
촉각 방어/ 접촉 거부	손에 장갑 끼기	□	□
	손에 밴드/테이프 붙이기	□	□
	손으로 하는 촉감 활동	□	□
	손에 물감 묻히기	□	□
	손 오래 잡고 이동하기	□	□

④ 손 사용 체크리스트 활용팁

• 접촉 시 아이의 손 반응

아이의 손을 힘 있게 잡았는데 아이가 손을 꿈틀거리지 않고 손을 잡은 상대를 탐색하지도 않는다면 과소반응으로 봐야 합니다. 반면에 손을 깍지 끼며 잡았는데 얼마 안 돼서(약 5초 내) 바로 빼

느리고 서툰 아이 몸놀이가 정답이다

려고 하고, 싫은 기색을 보인다면 과잉반응입니다. 보통은 누가 손을 잡았는지 바라보고, 어디를 잡았는지 자신과 상대방의 손도 쳐다봅니다. 손을 맞잡거나 접촉에 집중하며, 상대방을 살피는 행동을 합니다. 5초 이상 기다리며, 탐색하며 생각하고, 상대방과 소통하고자 하면 '보통'에 해당합니다. 과소반응은 신체 접촉에 반응을 보이지 않는 모습이고, 과잉반응 은 신체 접촉을 낯설어하거나 거부하는 모습입니다. 과소-보통-과잉 선상에서 '보통'이 건강한 반응입니다.

• 아이가 모방할 수 있는 동작

모방할 수 있다는 것은 신체를 인식하고, 조절하며 사용할 줄 안다는 뜻입니다. 놀이하듯이 유도하면서 엄마 아빠의 모습을 모방하는 시간을 가져 보세요.

• 눈, 손 협응 지속 시간

체크리스트에 게시된 행동을 할 때 아이가 자신의 손 움직임을 얼마나 잘 살피는지를 관찰합니다. 예를 들면, 양말을 신을 때 양손으로 양말을 잡고 양말과 발을 번갈아 가며 눈으로 잘 봐야 성공적으로 신을 수 있습니다. 눈과 손을 협응해서 게시된 행동과제를 성공적으로 수행하려면 3초 이상이 걸립니다. 아이가 움직이는 자신의 손을 3초 이상 보는지 함께 살펴보시기 바랍니다. 게시된 행동과제를 성공적으로 수행하면 눈, 손 협응을 잘하는 건강한 상태입니다. 행동과제를 수행하지 못하더라도 눈과 손을 협응하여 3초 이상 집중해 시도했다면 이 역시도 건강한 모습입니다.

• 손 상동행동

사람은 사회적 동물입니다. 몸도 상황에 맞게 관계 속에서 사용해야 합니다. 다른 사람들이 다같이 박수칠 때 아이도 박수 치는 것은 당연합니다. 그러나 주변에 박수 치는 사람이 아무도 없는데 혼자서 수시로 박수를 친다면 건강한 모습으로 보기 어렵습니다. 또한 손은 각 신체와 연결해서 다양한 기능을 수행해야 합니다. 이 과정에서 소근육이 발달합니다. 손을 상황에 맞지 않게 반복적으로 사용하면 소근육 발달이 건강하게 이루어지지 않습니다. 아이가 단순한 손의 움직임을 하루에 얼마나 자주 반복하는지 체크해 보세요. 그리고 이 행동의 빈도가 줄어들도록 손 마사지, 손을 사용하는 몸놀이를 꾸준히 해 주시기 바랍니다.

• 촉각 방어/접촉 거부

손을 통해 경험하는 새롭고 낯선 자극을 거부하는 모습입니다. 손을 다양하게 사용하는 것을 거부하는 것이기도 합니다. 해당 항목을 체크한 뒤 거부 반응을 보이는 것은 시간적 여유를 가지고 단계적으로 경험하도록 해 주시면 좋습니다.

⑤ 우리 아이 양팔 사용 체크리스트

• 양팔 위치별 근력

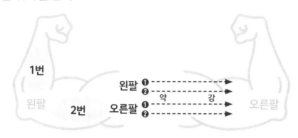

구분	체크 사항	과소	보통	과잉
접촉 시 아이의 양팔 반응	양팔 잡고 춤추듯 흔들었을 때	●————●————●————●————●		
	통각 확인을 위해 접촉	●————●————●————●————●		
	압박감이 느껴지는 마사지	●————●————●————●————●		

구분	체크 사항	적극성 및 지속 시간 (오른쪽으로 갈수록 적극적)		
수행의 적극성, 동작 지속 시간	네 발 기기	●————●————● □↓ 10초 ↑□		
	줄다리기	●————●————● □↓ 10초 ↑□		
	매달리기	●————●————● □↓ 10초 ↑□		
	팔로 밀기	●————●————● □↓ 10초 ↑□		

구분	체크 사항	할 수 있음	하지 않음
모방 가능한 양팔 동작	만세	□	□
	한 손 들기	□	□
	양팔 벌리기	□	□
	양팔 흔들기	□	□
	앞뒤로 뻗기	□	□

⑥ 양팔 사용 체크리스트 활용팁

• 양팔 위치별 근력

아이 팔을 만졌을 때 뼈와 피부 사이에 잡히는 것이 잔근육입니다. 아이들은 아직 어려서 근육이 크게 발달하지는 않지만 팔을 만졌는데 바로 뼈만 느껴지고 작고 탄력 있는 덩어리가 잡히지 않는다면 근육이 발달하지 않아 근력이 약한 상태인 것입니다.

가볍고 작은 물건만 만지고 몸을 정적으로 사용했다면 상완근이 아닌 전완근 위주로 발달해 있을 것입니다. 오른팔과 왼팔의 근육량 차이가 크게 느껴진다면 아이가 몸을 불균형하게 사용하고 있을 가능성이 있습니다. 또한 양팔을 함께 힘 있게 움직여 매달리고, 잡고, 오르는 대근육 활동이 부족했을 가능성이 있습니다.

• 접촉 시 아이의 양팔 반응

과소 반응은 신체 접촉에 반응을 보이지 않는 모습이고, 과잉 반응은 신체 접촉을 낯설어하거나 거부하는 모습입니다. 과소-보통-과잉 선상에서 '보통'이 건강한 반응입니다.

아이의 팔을 잡고 춤추듯이 흔들었는데 아이가 딴 데만 쳐다보고, 반응하지 않고, 손을 잡은 상대를 탐색하지 않는다면 과소반응으로 봐야 합니다. 반면에 팔을 잡고 춤출 때 팔에 힘을 꽉 주며 함께 움직이지 않으려고 버티거나 얼마 안 돼서(약 5초 내) 바로 팔을 빼려고 하면 과잉반응입니다. 엄마가 왜 팔을 흔드는지 바라보고,

춤을 추자는 호의적 의도를 받아들이고, 5초 이상 함께 춤추듯이 움직이면 '보통'에 해당합니다.

• 수행의 적극성, 동작 지속 시간

몸 쓰기를 좋아하고 몸 움직임을 통한 감각 수용이 건강한 아이는 활발히 움직이고 움직이는 활동에 집중합니다. 더 하고 싶고, 계속 움직이고 싶어서 아이 스스로 움직이는 활동 시간이 길어집니다. 아이와 함께 네 발 기기, 줄다리기, 매달리기, 힘겨루기(밀기)를 해 주세요. 그리고 아이가 얼마나 집중하는지, 활동하는 모습이 얼마나 적극적인지 관찰하시기 바랍니다.

• 모방 가능한 양팔 동작

모방할 수 있다는 것은 그 신체를 인식하고, 함께 사용할 줄 안다는 뜻입니다. 놀이하듯이 유도하면서 엄마 아빠의 모습을 모방하는 시간을 가져 보세요. 아이가 멋지게 모방을 했다면, 아낌없는 칭찬과 격려를 해 주세요.

아이 손을 보며 Action!

∨

관찰하고 놀이하면서 건강해집니다

손과 손을 맞대고 한 번 더 손을 쓰며 시도하는 과정이 아이의 소근육 발달을 돕습니다. 아이의 손! 아끼지 말고 자주 만져 주세요.

- ☐ 스스로 물 따라서 마시기
- ☐ 바닥 걸레질 히기
- ☐ 쓰레기 갖다 버리기
- ☐ 신발 혼자 신기
- ☐ 양말 스스로 신기
- ☐ 지퍼 올리기
- ☐ 물티슈 뽑아서 지저분한 것 닦기
- ☐ 차가운 눈이나 얼음 맨손으로 만지기
- ☐ 엄마 아빠 로션 발라 주기
- ☐ 엄마 아빠 등 긁어 주기
- ☐ 엄마 아빠 머리 빗어 주기
- ☐ 엄마 아빠 몸 마사지(주무르기, 두드리기)
- ☐ 빨래 널고 개기
- ☐ 무거운 것 양손으로 들거나 밀기 (의자, 책상 등)
- ☐ 철봉에 매달리기
- ☐ 줄 잡고 그네 타기(점차 속도/강도 높여서)
- ☐ 새끼손가락 걸기
- ☐ 주먹 쥐고 권투하기
- ☐ 점프해서 간식 따 먹기
- ☐ 공 주고받기
- ☐ 서로 깍지 껴서 손가락 스트레칭
- ☐ 꽉 잡은 엄마 손 펼쳐 빠져나오기
- ☐ 고무줄 반지 끼고 빼기
- ☐ 친구 썰매(이불 썰매도 가능) 태워 주기
- ☐ 줄다리기
- ☐ 간식 봉지 뜯기
- ☐ 귤껍질 까서 쪼개 먹기
- ☐ 2리터 물통 옮기기
- ☐ 베개로 탑 쌓기
- ☐ 베개 싸움
- ☐ 이불을 내 몸에 둘둘 말고 풀기
- ☐ 두 손 모아서 손에 물(또는 쌀) 담기
- ☐ 땅(흙)바닥 파기(힘 있게/깊게)
- ☐ 나뭇가지 부러뜨리기(나뭇잎 떼기)
- ☐ 손 맞잡고 둥글게 둥글게
- ☐ 힘 줘서 아빠 몸에 매달리기
- ☐ 밀가루 반죽하기(각종 촉감 놀이)

우리 아이 몸 관찰 5.
발과 다리

아이는 걷기 시작하고 달릴 수 있게 되면 이전에 없던 새로운 경험을 하게 됩니다. 발과 다리를 사용해 놀이터에 가서 뛰어놀고, 저 높이 보이는 산에 성큼성큼 오릅니다. 바닷가에 가서 모래를 밟고 파도를 쫓았다 도망가며, 갯벌에서는 발이 푹푹 빠져도 멀리까지 걸어서 이동합니다. 이렇게 다양한 장소로 이동할 수 있는 것은 발과 다리 덕분입니다. 넓고 다양한 세상을 경험한 아이일수록 다리의 근력이 잘 발달합니다.

발과 다리는 신체 부위 중 가장 아래에 위치해 신체를 지탱하는 역할을 합니다. 몸의 전체 무게를 받쳐 주고, 몸이 균형 있게 움직이도록 돕습니다. 발과 다리가 신체를 든든하게 받쳐 주지 못하면 어떻게 될까요? 움직이다가 쉽게 넘어지고 걸을 때도 비틀거리게 됩니다. 한 발로 공을 차려고 하면 금세 몸의 균형이 무너집니다. 떴거나 달릴 때 속도가 나지 않고 굼뜨게 됩니다. 우리 아이의 발과 다리를 살펴보면서 위에서 설명한 다리의 기능이 잘 발달하도록 도와주시기 바랍니다.

① 우리 아이 발/다리 사용 체크리스트

구분	체크 사항	약		강
양쪽 다리 위치별 근력	허벅지 근육 (무릎과 골반 사이)	약		강
	종아리 근육 (무릎과 발목 사이)	약		강
구분	**체크 사항**	**과소**	**보통**	**과잉**
접촉 시 아이의 양다리 반응	양발 잡고 자전거 타는 것처럼 돌렸을 때			
	다리와 다리 접촉 시 (코카콜라 놀이)			
	다리 구부려 배 누르기			
	발목 뒤로 스트레칭			
구분	**체크 사항**	**할 수 있음**		**하지 않음**
모방할 수 있는 다리 동작	개다리춤	☐		☐
	제자리 두 발 뛰기	☐		☐
	제자리 걷기	☐		☐
	무릎 구부리기	☐		☐
	한쪽 다리 들기	☐		☐

느리고 서툰 아이 몸놀이가 정답이다

구분	체크 사항	거부함	짧게 지속	함께 3분 이상 활동
다리와 발의 넓은 접촉 활동 시 반응	오리걸음	☐	☐	☐
	네 발로 기기	☐	☐	☐
	포복 기기	☐	☐	☐
	다리 구부려 배 누르기	☐	☐	☐
	누워서 자전거 타기	☐	☐	☐

구분	체크 사항	거부함	함께 하면 가능	스스로 3분 이상 활동 가능
입체적 사용	뒤로 걷기	☐	☐	☐
	옆으로 걷기	☐	☐	☐
	무릎으로 걷기	☐	☐	☐
	전력 질주(가속)	☐	☐	☐
	엉덩이로 움직이기	☐	☐	☐
	옆으로 구르기	☐	☐	☐

구분	체크 사항	발생 횟수	상동행동을 자주 하는 상황			
			잠자기 전	수시로	심심할 때	낯선 장소에서
발/다리 상동행동	까치발 걷기	☐↓하루 3번↑☐	☐	☐	☐	☐
	일정 속도로 왔다 갔다 하기	☐↓하루 3번↑☐	☐	☐	☐	☐
	팔딱팔딱 뛰기	☐↓하루 3번↑☐	☐	☐	☐	☐
	높은 곳으로 올라가기	☐↓하루 3번↑☐	☐	☐	☐	☐
	유사한 상황에서 반복적으로 양말 벗기/신기	☐↓하루 3번↑☐	☐	☐	☐	☐

구분	체크 사항	적극성 및 지속 시간(오른쪽으로 갈수록 적극적)
다리/발/눈의 협응&연결	공차기	□↓ 3초 ↑□
	징검다리 건너기	□↓ 3초 ↑□
	계단 오르기	□↓ 3초 ↑□
	계단 내려오기	□↓ 3초 ↑□
	줄 보고 뛰어넘기	□↓ 3초 ↑□
	코카콜라 놀이	□↓ 3초 ↑□

② 발/다리 사용 체크리스트 활용팁

• 양쪽 다리 위치별 근력

팔보다 조금 더 크고 탄탄한 근육 덩어리가 있는 곳이 다리입니다. 허벅지는 무릎 앞쪽을 만지고, 종아리는 무릎 뒤쪽을 만져서 근력을 살펴봅니다. 평소 자주 까치발로 걷는 아이라면 종아리 근육 위주로 발달했을 가능성이 있습니다. 허벅지 근육을 더 많이 사용하는 활동을 하는 것이 신체 조절 능력 향상 및 감각 통합에 좋습니다.

· 접촉 시 아이의 양다리 반응

과소 반응은 접촉에 대한 반응을 보이지 않거나 힘을 주지 않는 모습이고, 과잉 반응은 접촉을 거부하거나 하지 않으려고 뻗는 모습입니다. 과소, 보통, 과잉 선상에서 '보통'이 건강한 반응입니다.

· 모방할 수 있는 다리 동작

모방할 수 있다는 것은 그 신체를 인식하고, 적절히 사용할 줄 안다는 뜻입니다. 놀이하듯이 유도하면서 아이가 엄마 아빠의 모습을 모방하는 시간을 가져 보세요.

· 다리와 발의 넓은 접촉 활동 시 반응

신체 접촉 부위가 넓다는 것은 감각 수용 범위가 크다는 것입니다. 즉, 몸을 더 많이 쓰고 있다는 것이고, 더 많은 감각 정보가 뇌에 전달되고 있다는 것입니다.

· 입체적 사용

우리 몸은 앞, 뒤, 좌, 우, 회전 등 다양한 방향으로 움직일 수 있습니다. 우리는 주로 앞 방향 위주로 움직입니다. 익숙한 '앞' 방향이 아닌 '뒤'나 '옆'으로 움직이려면 훨씬 몸에 집중해야 합니다. 아이와 여러 방향으로 함께 움직여 주세요. 혹시 불편해하거나 움직이기 어려워하는 방향이 있다면, 매일 조금씩 경험시켜 주는 것이 좋습니다.

- 발/다리 상동행동

　같은 방향으로, 일정한 속도로, 반복적으로 움직이는 행동입니다. 아이는 발달 연령에 맞게 빌과 다리를 다양하게 사용하면서 할 수 있는 움직임이 확장되어야 합니다. 쉽고, 편하고, 익숙한 행동을 반복하면 새롭게, 다양하게 확장되는 발달 과정에 방해가 됩니다.

- 다리/발/눈의 협응&연결

　아이는 발이 닿는 곳을 눈으로 잘 살펴야 합니다. 잘 봐야 넘어지지 않고 다치지 않습니다. 흔들리는 곳인지, 울퉁불퉁한 곳인지, 밟으면 푹 꺼지는 곳인지, 밑으로 떨어지는 징검다리인지 잘 봐야 합니다. 공을 찰 때도 마찬가지입니다. 두 발로 점프해서 줄을 넘을 때도 발의 위치와 줄의 높이를 보며 신체를 조절해야 성공적으로 뛰어넘을 수 있습니다. 눈과 신체의 협응 과정은 감각 통합, 신체 조절 능력에 매우 중요하니 잘 관찰해 주시기 바랍니다.

관찰하고 움직이면 감각 발달이 촉진됩니다

아이가 자신의 다리와 발을 적극적으로 인식하고 함께 힘을 쓰며 다양하게 움직이는 과정을 통해 아이의 감각 발달이 촉진되고 감각 통합이 원활해집니다. 아이의 몸! 아끼지 말고 자주 만져 주시고 함께 움직여 주세요.

□ 앞으로 발차기
□ 높이 발차기(엄마 아빠 손 차기)
□ 공 차기(발로 공 차며 주고받기)
□ 두 발 점프(장애물 넘기)
□ 오리걸음으로 걷기
□ 양옆으로 다리 스트레칭
□ 앞뒤로 다리 스트레칭
□ 개다리춤 추기(무릎 구부리고 양옆
　 으로 흔들기)
□ 물건 발로 들어 올리기
□ 양다리로 다양한 모양(○, △, ×, +)
　 만들기
□ 발가락으로 물건 집기
□ 무릎으로 걷기(앞, 뒤, 옆, 회전)
□ 엉덩이로 걷기(앞, 뒤, 옆, 회전)
□ 앉아서 다리로 무거운 가구 밀기
□ 닭싸움하기
□ 한쪽 다리 들고 균형 잡기
□ 제자리 달리기

□ 앉았다 일어났다 10번 하기
□ 아주 높이 두 발 뛰기
□ 멀리 뛰기(두 발로, 한 발로)
□ 발로 걸레질하기
□ 빈 갑 티슈에 발 넣고 걷기
□ 엄마 아빠 신발 신고 걷기
□ 엄마 아빠 발등 위에서 걷기
□ 고무줄 놀이 하기
□ 개구리처럼 땅 짚고 다리를 천장
　 높이 차기
□ PT 체조(다리를 벌렸다 오므리며 뛰기)
□ 아빠가 베개 잡아 주면 세게 차기
□ 누워서 다리로 물건 전달하기
□ 다리 사이에 공 낀 상태로 움직이기
□ 줄넘기하기
□ 다리(발) 맞대고 힘 겨루기, 발 싸움
□ 깽깽이로 뛰기(앞, 옆, 뒤, 회전)
□ 발목, 다리에 모래주머니 달고 걷기
□ 다리로 옆차기, 돌려차기

우리 아이 몸 관찰 6.
몸통(등과 배)

몸통은 우리 몸의 가장 중심에 있으며 신체 부위를 연결해 주는 역할을 합니다. 팔과 다리를 더 힘 있게, 기능성 있게 쓰려면 몸통이 잘 움직여 줘야 합니다. 가벼운 물건을 들 때는 한쪽 손과 팔만 움직여도 충분하지만 아주 무거운 물건을 들 때는 상황이 달라집니다. 양팔을 함께 움직여야 하고, 몸통에 힘이 들어갑니다. 양쪽 다리는 신체 위치를 낮추며 신체 중량과 물건의 무게를 지탱해 줍니다.

몸통의 경험들은 우리의 내장 감각內臟感覺(내장에 분포하는 지각신경이 일으키는 감각. 기갈감, 만복감, 피로감, 권태감, 상쾌감, 불쾌감, 요의, 변의 등이 있음)에도 영향을 줍니다. 식사를 한 뒤 누가 등을 두드려 주면 트림이 나옵니다. 변비가 있을 때 엄마가 배를 눌러 주고, 문질러 주면 효과가 있습니다. 배꼽이 궁금해 만지다 보면 갑자기 오줌이 마려운 느낌이 납니다. 몸통을 움직이고 접촉하는 경험은 눈에 보이지 않는 내장 감각 경험을 제공해 줍니다.

① 우리 아이 몸통 사용 체크리스트

구분	체크 사항	거부함	수용함	근육 반응 (힘주기) 있음
몸통 자극 수용 반응	뒷목을 마사지했을 때	☐	☐	-
	어깨를 주물렀을 때	☐	☐	-
	등을 두드렸을 때	☐	☐	-
	등을 눌렀을 때	☐	☐	-
	배꼽 주변을 만졌을 때	☐	☐	☐
	척추 주변을 꾹꾹 눌렀을 때	☐	☐	☐
구분	체크 사항	없음		있음
몸통 제한적 사용 or 연결 결여 행동 유무	팔딱거리며 뛰기	☐		☐
	까치발 뛰기	☐		☐
	손에 작은 물건 쥐고 있기	☐		☐
	손과 팔 털기	☐		☐
	왔다 갔다 반복 뛰기	☐		☐

구분	체크 사항	할 수 있음	하지 않음
아이가 모방할 수 있는 동작	어깨 으쓱으쓱하기	☐	☐
	허리 돌리기	☐	☐
	뒤로 스트레칭	☐	☐
	배 크게 내밀기	☐	☐
	킹콩처럼 몸통 두드리기	☐	☐

구분	체크 사항	네	아니오
몸통 자극 반응 여부	등을 두드렸을 때 쳐다보나요?	☐	☐
	냉온욕 시에 몸을 움츠리나요?	☐	☐
	손으로 간지럼 태웠을 때 해당 부위가 움직이나요?	☐	☐
	강도 있게 잡았을 때 해당 부위가 섬세하게 움직이나요?	☐	☐
	껴안기 시 배와 허벅지에 힘을 줘서 빠져나오나요?	☐	☐
	신이 날 때 몸이 들썩들썩거리나요?	☐	☐

구분	체크 사항	네	아니오
몸통 연결 행동 수행 여부	쪼그려 숨기	☐	☐
	윗몸 일으키기	☐	☐
	네 발 기기	☐	☐
	몸에 두른 붕대 풀기	☐	☐
	포복 기기	☐	☐
	옆/앞 구르기	☐	☐

구분	체크 사항	표현 없음	짜증/울음	손짓	언어
몸통 감각/ 내장 감각 표현 여부	배가 고픔	☐	☐	☐	☐
	배가 아픔	☐	☐	☐	☐
	응가 마려움	☐	☐	☐	☐
	쉬 마려움	☐	☐	☐	☐
	몸이 불편함	☐	☐	☐	☐

② 몸통 사용 체크리스트 활용팁

• 몸통 자극 수용 반응

새롭고 낯선 자극을 거부하는 모습입니다. 몸통을 더 적극적으로 사용하는 것을 거부하는 것이기도 합니다. 항목을 체크한 뒤 거부 반응을 보이는 것은 시간적 여유를 가지고 꾸준히 단계적으로 접촉을 시도해야 합니다.

• 몸통 제한적 사용 or 연결 결여 행동 유무

팔과 다리를 몸통과 연결하여 다양하게 사용할 때 대근육 발달이 건강하게 이루어집니다. 몸통에 힘을 주지 않는, 즉 몸통과 다른 신체 부위를 연결해서 사용하지 않는 단조로운 움직임이 있는지 꼭 살펴보세요.

• 아이가 모방할 수 있는 동작

모방할 수 있다는 것은 그 신체를 인식하고, 조절하며 사용할 줄 안다는 뜻입니다. 놀이하듯이 유도하면서 아이가 엄마 아빠의 모습을 모방하는 시간을 가져 보세요.

• 몸통 자극 반응 여부

발달이 느린 아이들 중 몸통 감각이 둔한 친구들이 많습니다. 등에 차가운 얼음이 닿아도 반응이 없거나 반응 속도가 느립니다. 등에 스티커를 붙여도 떼려고 하지 않습니다. 뗄 수 있게 스티커의 위치를 알려 줘도 스티커가 어디에 붙어 있는지 잘 알지 못합니다. 평상시 몸통 감각을 충분히 경험하지 못해 둔감해진 건 아닌지 살펴보시기 바랍니다.

• 몸통 연결 행동 수행 여부

신체 전체를 효과적으로 잘 움직이려면 몸통을 다른 신체 부위와 잘 연결해 사용해야 합니다. 이 항목에 있는 동작을 함께해 보면서 몸통을 적극적으로 쓰는 기회를 제공해 주시기 바랍니다.

• 몸통 감각/내장 감각 표현 여부

몸통 안에 있는 내장 감각을 잘 수용하고 있는지 관찰하는 항목입니다. 아이가 원하지도 않는데 밥이나 물을 미리 챙겨 주지 말고 조금 기다려 주세요. 아이가 배고픈 것, 목마른 것을 직접 표현하게 해 주시기 바랍니다. 배고픔을 자주 느끼다 보면 스스로 밥도 잘 먹게 될 것입니다.

아이 몸통과 Action!

∨

관찰하고 움직이면 감각 통합이 원활해집니다

아이는 자신의 등/배를 적극적으로 인식하면서 신체를 연결해서 어떻게 움직이는지 알아 가게 됩니다. 함께 다양하게 움직이는 몸놀이를 하면 아이의 신체 인식이 건강해지고 감각이 연결 및 통합됩니다.

- ☐ 호흡 크게 하며 배 빵빵하게 만들기
- ☐ 허리 뒤로 젖혀 람보 게임
- ☐ 바닥을 보고 누워서 머리가 다리에 닿게 스트레칭
- ☐ 뒷몸 일으키기(엎드린 상태에서 팔 일으켜서)
- ☐ 등에 차가운 물건 대기(냉감각 느끼는지 확인)
- ☐ 냉온욕 하기
- ☐ 등에 붙은 테이프/밴드 떼기
- ☐ 옆구리 간지럼 태우기(옆구리 잘 비트는지 확인)
- ☐ 허리를 앞/뒤/좌/우/회전 등 다양한 방향으로 움직이기
- ☐ 골반을 앞/뒤/좌/우/회전 등 다양한 방향으로 움직이기
- ☐ 자기 등 양손으로 두드리기
- ☐ 자기 날개뼈 만지기
- ☐ 옆구리 운동 1(양팔을 머리 뒤로 젖히기)

- ☐ 옆구리 운동 2(양팔을 좌우로 비틀기)
- ☐ 옆구리 운동 3(팔을 귀에 대고 허리 비틀기)
- ☐ 등 뒤로 박수치기
- ☐ 천장 보고 누워서 물고기처럼 움직이기
- ☐ 바닥에 배 대고 엎드려 지렁이처럼 움직이기
- ☐ 배꼽 주변 눌러 주면서 배에 힘주기
- ☐ 윗몸 일으키기(자기 복부 힘으로 일으키기)
- ☐ 등 두드리며 인디언밥 놀이
- ☐ 데굴데굴 앞 구르기
- ☐ 데굴데굴 옆 구르기
- ☐ 배에 힘주고 무거운 물건 들기
- ☐ 천장 보고 누워서 자전거 타기
- ☐ 레슬링 파테르 자세에서 몸 비틀어 빠져나오기
- ☐ 개구리/토끼처럼 폴짝폴짝 뛰기

Chapter 4

아이의 발달 특성에 따른
몸놀이 처방전

언어 발달이 지연된
아이

아이의 건강한 언어 발달은 언어적, 비언어적 의사소통 경험이 좌우합니다.

- 언어는 '의사소통의 수단'이다.

이 문장을 계속 되뇌며 기억하시기 바랍니다.

몸놀이는 가장 적극적인 의사소통 방법입니다. 몸놀이를 통해 몸을 맞대고 호흡을 나누며 느낌과 감정을 적극적으로 공유합니다. 몸놀이를 하면 의사소통이 늘고, 소통의 욕구가 점점 더 커집니다. 다양한 방법으로 소통하려는 시도가 생기고, 언어로 표현하고자 하는 동기가 발생합니다.

언어 발달에는 크게 두 가지가 필요합니다. 바로 도구와 재료입니다. 적절한 요리 도구와 재료가 있어야 맛있는 음식이 완성되듯이 언어도 마찬가지입니다. 말을 하는 도구는 조음기관입니다. 입, 혀, 입술, 턱, 성대 등이 해당됩니다. 말에 쓰이는 재료는 아이의 감각과 감정입니다.

몸놀이 하며 힘을 쓸 때 혀와 턱, 성대, 복부 모두에 힘이 들어갑니다. 따라서 말할 때 혀와 턱, 성대, 복부에 어떻게 힘을 줘야 하는지 연습하는 시간이 됩니다. 또 몸놀이 하면서 몸에 압박이 가해지고 복부에 힘을 주게 되면서 호흡이 길어지고 발성이 좋아집니다. 이처럼 몸놀이로 언어에 필요한 도구를 단련할 수 있습니다.

몸놀이는 언어에 필요한 재료를 풍성하게 해 줍니다. 아이는 몸놀이를 하면서 갖가지 언어의 의미와 개념을 깨닫습니다.

- 속도감 있게 움직일 때: 빠르다, 느리다
- 서로의 힘을 느낄 때: 강하다, 약하다, 세다, 부드럽다
- 서로의 몸을 비교할 때: 크다, 작다, 두껍다, 가늘다

몸놀이는 언어의 도구와 재료를 풍성하게 해 주는 최고의 방법입니다. 또한 언어적, 비언어적 의사소통을 활발하게 도와주어 언어 욕구를 재미나고 유쾌하게 해소해 주는 탁월한 놀이입니다.

구분	몸놀이
호흡이 짧은 아이	· 그게 소리 내기(야호~ 아에이오우) · 힘 쓰는 놀이(거친 호흡, 긴 호흡 경험하기) · 입방귀 뽀뽀: 배나 등과 같은 신체 부위에 입술을 대고 푸~ 불면서 방귀 소리 내기 · 인디언 소리 내기(아바바바바바바바): 입술 주변 감각을 자극하며 재미있게, 길게 소리 내기(316쪽 참고)
무발화 아이	· 맹꽁 놀이 · 양 볼에 바람 넣고 손가락으로 눌러서 바람 빼기 · 입술 다물고 힘 있게 푸~ 하기 · 입술 모아서 쪼옥쪼옥~ 소리 내기 · 하마, 악어처럼 입 크게 벌려서 잡기 놀이 · 얼굴 마사지: 얼굴 전체 문지르기, 위아래로 올리고 내리기, 턱 벌리기(얼굴 전체를 구석구석 만지기)
발음이 부정확한 아이	· 동물 소리 함께 내기 · 입술 잡고 오리 입 만들기 · 혀로 낼름낼름 하기

느리고 서툰 아이 몸놀이가 정답이다

자폐 성향이 있는 아이

자폐 성향을 보이는 아이에게는 다음과 같은 특징이 있습니다.

- 눈을 잘 마주치지 않는다.

- 눈 맞춤이 짧다.

- 눈을 옆으로 흘기거나 위로 치켜뜬다.

- 불러도 반응하지 않는다.

- 혼잣말을 자주 한다. 알 수 없는 소리를 낸다.

- 무표정할 때가 많고 표정이 다양하지 않다.

- 혼자 놀 때가 많고 친구와 어울려 놀지 않는다.

- 손을 흔들거나 털고, 꼬거나 두드리는 상동행동이 있다.

- 언어 발달이 느리다.
- 이전에 들었던 말을 그대로 말하거나 상대방의 말을 똑같이 따라 한다(반향어).
- 새로운 것에 거부감을 보인다.
- 편식이 있다.
- 낯선 곳에 적응하는 데 오래 걸린다.
- 반복 행동이 있고, 일상에서 아이만의 패턴이 있다.
- 사람들에게 관심이 적다.
- 행동 모방이 잘 안 된다.
- 공동주의가 안 된다.

자폐 성향을 가진 아이들은 대부분 위와 같은 감각·감정 발달의 문제를 갖고 있습니다. 시각 추구, 청각 추구, 반복 행동으로 인해 몸 전반의 감각이 건강하게 수용되지 않습니다. 넘어져서 피가 나도 아픈 걸 잘 모르기도 하고, 등에 얼음을 넣었는데 가만히 있기도 합니다. 반대로 다른 사람이 손만 살짝 잡아도 강하게 거부를 하고, 몸이 조금만 붕 떠도 극도로 불안해하는 모습을 보입니다. 그리고 감정 발달이 제대로 되지 않아 무표정할 때가 많습니다. 울 때도 표정이 부자연스럽거나 눈물이 나오지 않고, 악만 쓰는 경우도 있습니다. 다른 사람의 표정을 살피지 않고 이해하지도 못합니다. 그리고 공감 능력이 부족합니다. 감정을 표현하는 말을 알아듣지 못하거나, 언어로 감정 표현을 하지 않습니다. 혼자서 이유 없이 웃거나 짜증 내고 울기도 합니다. 이런 자폐 성향을 나아지게 하기 위해서는 각 성향별 특성을 고려해 접근해야 합니다. 여기서는 크게 시각 추구, 청각 추구, 반복 행동 세 가지로 나누어 설명하겠습니다.

· 자폐 성향 몸놀이 처방전

구분	몸놀이
자폐 성향이 있는 아동/ 자폐 아동	·껴안기: 접촉을 통해 몸 감각을 일깨우기 위해 꽉 안아 줍니다. 감정 발달이 원활하지 않아 잘 울지도, 웃지도 않는 아이를 꽉 안으면서 감정 경험을 적극적으로 제공합니다. 사람에게 관심이 없고, 소통하지 않는 아이가 사람에게 관심을 보이고 함께 소통할 수 있도록 꽉 안아 줍니다.

* 껴안기의 원리는 책 한 권으로 엮을 수 있을 만큼 방대하므로 이 책에서는 핵심만 간략히 소개하겠습니다.

① 시각 추구가 있는 아이

시각 추구는 불빛이 나는 것, 알록달록한 것, 평면적인 선, 도형, 숫자, 글자 등을 반복적으로 보려 하는 것입니다. 시각 추구를 하는 아이들은 움직이는 시각적 이미지를 만들어 내기 위한 행동을 합니다. 사람이 아닌 사물, 기계, 미디어 보기를 추구하고 그와 유사한 시각 자극을 계속 찾고 보려고 합니다. 또한 고개 흔들기, 눈 앞에서 손 털기, 움직이기, 눈 흘기기, 일직선으로 왔다 갔다 반복해서 뛰기 등의 모습을 보입니다.

"저희 아이는 활발해요. 끊임없이 움직이거든요. 몸 쓰는 거 좋아해요."

"저희 아이는 에너지가 넘쳐요. 쉬지 않고 왔다 갔다 하거든요. 대근육이 잘 발달된 것 같아요."

"저희 아이는 체력이 정말 좋아요. 가만히 있지 않고 계속 움직이는데도 피곤해하지 않고 밤에도 금방 잠들지 않아요. 얼마나 더 체력이 더 좋아질지 겁이 날 정도예요."

부모님들께 이런 이야기를 들으면 머릿속이 복잡해집니다. 긍정적인 모습처럼 보이지만 그렇지 않을 수도 있다는 것을 어떻게 설명해야 할까 고민이 됩니다. 위에서 말하는 행동들은 시각 추구의 한 모습일 수도 있습니다. 시각 자극이 있는 아이들이 위와 같이 끊임없이 왔다 갔다 하는 이유는 시각 자극을 추구하기 위함입니다. 아이는 자신의 몸을 움직여야 눈에 보이는 게 달라집니다. 그래서 시각적으로 흔들리거나 움직이는 것을 보기 위해 반복적으로 움직입니다.

최근에 한 아버님과 상담을 했습니다. "우리 아이가 갈수록 산만해지는 것 같아요. 집에서 앉아 있지를 못하고 계속 돌아다녀요. 밖에서 충분히 놀고 오는데도 너무 산만해서 고민이에요." 이 아이는 TV 노출이 많았다고 합니다. 과다한 TV 노출의 영향으로 움직이는 무언가를 보기 위해 자꾸 돌아다녔고, 활동할 때 몸을 잡으면 "번개맨 도와줘!"라고 말했습니다.

이렇게 시각 자극 추구를 하는 아이들은 몸의 감각에 집중하지 않고 시각에만 주의가 머물러 있습니다. 그래서 몸의 감각을 조절하지 않고 익숙한 대로 몸이 반응합니다. 또한 움직임이 반복적이고 정형화되어 있어 걷거나 뛸 때 일정한 속도나 패턴으로 움직입니다. 이런 시각 자극 추구에 의한 움직임은 체력 소모가 잘 되지 않습니다. 마라톤과 100미터 단거리 달리기에 비유해 볼까요? 마라톤은 2시간 넘게 일정한 속도로 달리기 때문에 꽤 오랜 시간 달려도 체력 소모가 상대적으로 적습니다. 반면 100미터 단거리 달리기는 짧은 시간 동안 전력을 다해서 뜁니다. 100미터 단거리 결승선에 도착한 선수들 보면 하나같이 헉헉거리고 지친 모습입니다.

일정한 속도로 걷거나 뛰는 것, 그리고 시각 자극 추구를 위한 움직임은 에너지 소모가 적을 뿐 아니라 균형적인 감각 발달에도 좋지 않습니다. 그렇다면 건강한 움직임과 그렇지 않은 움직임을 어떻게 구분할 수 있을까요?

• 몸의 감각에 집중하며 건강하게 움직이는 경우

- 달리기할 때 점점 자세가 좋아진다.
- 감정을 느끼면서 움직인다. 기분이 좋으면 까불고, 기분이 나쁘면 씩씩거리며 움직인다.
- 움직일 때 집중하면서 힘을 쓰기 때문에 얼굴이 빨개지고 땀이 난다.
- 새로운 활동을 유도하면 즐거워하며 적극적으로 참여한다.
- '더워', '힘들어', '숨이 차', '목말라' 같은 표현을 자주 사용한다.

- 일정한 속도로 걷거나 뛴다.

- 자신의 몸을 보고 움직이지 않는다.

- 뛰거나 걷는 자세가 정형화되어 있다.

- 몸을 구부리거나 시선이 아래로 향하는 활동을 싫어한다.

- 새로운 신체활동에 관심이 적고, 새로운 활동을 하다가도 이내 익숙한 자
  세로 돌아온다.

- 숨이 차거나 헉헉거리면서 숨을 고르는 일이 없다.

아이들은 더 의미있게 걷고 뛰며 움직여야 합니다. 몸의 감각을 폭넓게 알아 가야 하기 때문입니다. 아이는 걷거나 뛰면서 자신의 몸의 위치와 공간의 변화를 인지합니다. 즉, 좁은 곳에서 넓은 곳으로, 낮은 곳에서 높은 곳으로 이동하며 공간 감각과 위치 감각을 느끼는 것입니다. 또한 아이들은 걷고 뛸 때 몸으로 바람과 속도감을 느낍니다. 자신의 움직임에 따라 속도가 달라진다는 것을 깨닫고 느린 속도에서 빠른 속도, 그보다 더 빠른 속도로 움직입니다.

이렇게 몸의 감각을 느끼면서 움직이는 것은 발달에 꼭 필요한 과정입니다. 건강하게 움직이는 아이들은 점점 그 감각을 더 알기 위한 쪽으로 행동이 확장됩니다. 몸의 움직임과 감각을 잘 연결하고 신체 기능이 공간 감각과 위치 감각을 느끼고 더 알아 가게 됩니다. 건강한 감각 발달 과정을 밟고 있는 아이들의 구체적인 모습은 다음과 같습니다.

- 상자를 보면 몸을 숙여서 들어간다.
- 텐트 같은 공간을 좋아하고, 안정감을 느낀다.
- 구석에 가서 자신의 몸이 들어가는지, 숨을 수 있는지 보고 숨바꼭질 놀이를 한다.
- 터널을 잘 통과하고 침대 밑에 자꾸 들어가려고 한다.
- 내리막길에서 속도를 조절하기 위해 몸에 힘을 준다.
- 친구들과 달리기 시합을 할 때 속도를 더 내기 위해 날렵한 자세로 힘차게 달린다.
- 그네를 탈 때 속도를 내기 위해 몸을 이리저리 흔들고 움직인다.

- **시각 추구 몸놀이 처방전**

구분	몸놀이	
눈 맞춤이 없는 아이	· 윙크하기 · 안경 만들기(300쪽 참고) · 비행기 태우기(252쪽 참고)	· 예쁜 표정 짓기 · 손 터널 놀이
눈 맞춤이 짧은 아이	· 서울 구경(298쪽 참고) · 동물 표정 따라 하기 · 숨바꼭질/숨기 놀이: 커튼 뒤, 책상, 장롱, 구석에 숨기	
눈을 위로 뜨거나 옆으로 흘기는 아이	· 깜깜한 곳에서 몸놀이 하기 · 눈 주변, 목 뒤 마사지하기 · 뒤로 걷기(시각이 아닌 몸의 감각으로 주의 환기)	

② 청각 추구가 있는 아이

청각 추구는 이전에 들었던 소리들을 반복적으로 들으려 하거나 계속 그 소리를 연상하는 것입니다. 특히 말소리보다는 사운드북, 스마트폰 영상, 각종 미디어, 소리 나는 가전제품, 자동차 소리, 반복해서 울리는 기계 소리, 이와 비슷한 소리를 계속 만들어서 들으려고 합니다. 그래서 톤이 높고, 짧고, 닫힌 특이한 소리를 반복해서 냅니다. 사람들이 웅성거리는 소리, 아기가 우는 소리 등에는 귀를 막고 거부감을 표현하며 벽을 두드리거나 혀를 반복해서 차는 등의 소리를 계속 만듭니다. 같은 말을 반복하고, 주로 혼자서 소리를 내거나 말을 합니다.

의미 없는 소리를 내고, 혼자 중얼거리고, 돌고래처럼 소리 지르는 아이들은 왜 이런 소리를 내는 것일까요? 우리는 말을 할 때 생각을 담아서 합니다. 소리를 낼 때 목소리에 감정을 담아서 표현하고, 목적을 가지고 발성을 합니다. 보통 아이들이 꽥! 하고 소리 지르는 경우를 보면 '나 좀 봐 주세요', '나랑 놀아 주세요', '나 지금 기분 나빠', '나 관심이 필요해' 등의 감정과 의도, 욕구를 표현하는 것입니다.

그런데 청각 추구가 있는 아이들의 소리는 이와 다릅니다. 상대방을 향한 자신의 의도나 욕구가 없습니다. 소리의 방향도 허공이나 벽을 향해 있습니다. 사람들을 등지고 소리 낼 때가 많습니다. 청각 추구는 그 소리의 시작이 '나'에게 있는 게 아닙니다. 이전에 들었던 기계 소리, 미디어 소리를 계속 연상하면서 내는 소리입니다. 아이는 '나'로부터 비롯된 소리를 많이 들어야 자아가 성장하고, 내가 누구인지 알아 가며, 내가 무엇을 할 수 있는지, 내 목소리는 어떠한지 알게 되면서 건강한 언어 발달이 이루어집니다.

청각 추구는 '내 목소리', '내 언어'를 알아 가는 것을 방해합니다. '나'가 아니라 '다른 것'의 소리를 쫓아서 흉내 내는 소리이기 때문입니다. 청각 추구 시간이 길어질수록 아이는 자신의 목소리를 잃고 자신의 생각과 의사를 표현하는 언어의 의미를 잊게 됩니다.

청각은 가장 빨리 발달하는 감각이자 죽기 전 가장 늦게까지 남아 있는 감각이라고 합니다. 이런 주요 감각을 나 자신이 아닌 다른 것을 추구하기 위해 사용한다면 얼마나 많은 발달 문제를 일으키게 될까요? 그래서 청각 추구는 다른 자폐 성향 행동보다 소거에 더 시간이 걸리기도 합니다. 아이가 입 밖으로 청각 추구적 소리를 내고 있지 않더라도 머릿속에서는 이런 소리들이 반복되기 때문에 그 성향이 깊어질 가능성이 매우 큽니다. 따라서 아이를 잘 관찰하여 청각 추구 시간이 최소화되도록 해야 합니다.

• 청각 추구 몸놀이 처방전

구분	몸놀이
알 수 없는 소리를 계속 중얼거리는 아이, 혼잣말하는 아이, 계속 노래를 부르는 아이	· 귀 마사지 · 귓속말 · 몸 악기 · 몸 두드리기 · 인디언밥(316쪽 참고) · 함께 크게 말하기 · 동물 소리를 감정에 따라 다르게 표현하며 소리 내기

아이들은 사람들을 보고, 말을 듣고, 반응하면서 다른 사람들의 행동을 모방합니다. 주변 사람들로부터 반응이 있는 행동은 강화되고, 반응이 없거나 관심 받지 못한 행동은 자연스럽게 빈도가 줄어들면서 소거됩니다. 아이들은 보통 이전에 했던 행동을 몇 번 반복하고 나면 더 이상 흥미를 느끼지 못하고 지루해합니다. 그래서 같은 행동을 반복하기보다는 새로운 행동을 탐색하고 시도합니다.

그러나 자폐 성향이 있는 아이들은 조금 다릅니다. 익숙하고 늘 했던 것들만 반복합니다. 반면에 새로운 것에는 거부감을 표현합니다. 반복 행동은 말 그대로 같은 행동을 계속 반복하는 것으로 일부 익숙한 감각을 추구하기 위한 행동입니다. 반복 행동을 하는 아이는 작은 물건을 손에 계속 쥐고 있거나 물과 같이 가볍고 미끄러운 감각을 추구하기 위해 손에 침을 뱉거나 손끝을 문지르기도 합니다. 손가락을 꼬고, 손을 털거나 두드리는 등의 반복 행동을 통해서 일부 신체 부위를 접촉합니다. 자폐 성향이 있는 아이들에게서 흔히 볼 수 있는 반복 행동의 몇 가지 예를 더 살펴보겠습니다.

- 문 여닫기, 스위치 껐다 켜기
- 물건을 바구니에 담았다가 엎고, 다시 담기
- 물건을 일렬로 세우기

- 집에 가는 길에 무조건 편의점에 들르기
- 물건을 두드리면서 익숙한 소리를 만들어 듣기

아이의 이런 반복 행동은 다양한 행동으로 확장되어야 합니다. 이를 위해서는 일단 반복 행동을 계속하지 않도록 막아야 합니다. 반복하는 시간이 길어지면 아이의 일상에 습관처럼 강하게 고착되기 때문입니다.

아이의 반복 행동 소거에는 몸놀이가 매우 효과적입니다. 몸놀이를 하면 특정 행동을 반복하는 것에 기울이던 관심이 다른 사람에게로 확장됩니다. 놀이 과정에서 상대방과 상호 작용하면서 반복의 흐름이 끊어지고, 함께 놀이하는 사람에게 집중하게 됩니다.

아이가 손을 털거나, 흔들거나, 꼬는 손 상동행동을 보인다면 평소에 손을 힘 있게 꾹꾹 눌러 주세요. 눈을 자꾸 옆으로 흘긴다면 마주 보고 눈 맞춤 하고, 눈과 머리 주변을 마사지해 주시면 좋습니다. 스위치를 껐다가 켜길 반복하고 방문을 여닫는 시각 추구 모습을 보인다면 일단 스위치를 아이 손이 닿지 않는 곳으로 옮기고 문고리도 위쪽으로 옮겨 다는 게 좋습니다. 이런 환경적 조치도 필요할 뿐만 아니라 아이와 꾸준히 몸놀이 하면서 문과 스위치에 집중된 관심이 다른 쪽으로 확장되도록 해야 합니다.

구분	몸놀이
반복 행동을 하는 아이	· 손끝 마사지 · 인디언밥(316쪽 참고) · 눈 가리고 까꿍 놀이

수면 문제가 있는
아이

아이를 키우는 부모마다 육아에 대한 각자의 주관과 기준이 다르겠지만 그럼에도 이것만큼은 당연하다고 생각하는 게 있습니다. '아이는 잘 때 가장 사랑스럽다.' 아마 인종, 성별, 연령과 상관없이 전 세계의 부모가 같은 생각을 할 것입니다.

당연한 이야기지만, 아이는 잘 자야 합니다. 수면은 아이의 뇌 발달에 매우 큰 영향을 미칩니다. 깊은 잠을 자는 동안 성장호르몬이 분비되기 때문에 잘 자야 건강하게 클 수 있습니다. 또한 정서가 안정되어 사람들과 건강한 유대관계를 형성할 수 있습니다. 숙면을 취한 아이는 개운하게 일어나 생글생글 웃으면서 가족들과 유쾌한 시간을 보냅니다.

아이의 수면에 문제가 생기면 온 가족의 생활 패턴에도 문제가 생깁니다. 아이가 통잠을 자지 않고 계속 깨면 부모 또한 제대로 잠을 자지 못해 육아가 버겁고 힘들게 느껴질 수 있습니다. 그래서 출산 후 엄마들이 가장 필요하다고 하는 게 바로 이 '잠'입니다. 밤새 2~3시간마다 일어나서 수유를 해야 하니 매우 피곤합니다. 보통은 아이가 한두 살이 되면 밤중에 깨는 현상은 자연스럽게 해결됩니다. 하지만 3~4세가 되었는데도 불규칙한 밤중 수면이 오히려 더 심해져서 힘들어하는 부모들을 가끔 만나게 됩니다.

"아이가 잠들 때까지 시간이 너무 오래 걸려요. 한 시간은 기본이고 두세 시간씩 걸릴 때도 있어요."
"자다가 깨서는 한참 혼자 놀다가 다시 자요."
"밤에 빨리 잠을 안 자니까 늦게 일어나고, 아침에 어린이집에 지각하기 일쑤예요."

아이가 피곤하지 않아서, 엄마와 떨어지기 싫고 더 놀고 싶어서 잠을 자지 않는 경우가 대부분이지만 자폐 성향적 청각 추구나 시각 추구로 인해 잠을 자지 않는 아이들도 있습니다. 우리는 졸리고 피곤하다고 신호를 보내는 몸의 감각을 느끼고 집중하면서 스르륵 잠이 듭니다. 그런데 자폐 성향이 있는 아이들은 졸리고 피곤한 몸의 감각에 제대로 집중하지 못합니다. 시각 이미지가 떠오르고, 예전에 들었던 소리들이 머릿속을 맴돌면서 청각적 연상이 일어나

느리고 서툰 아이 몸놀이가 정답이다

기 때문입니다. 우리도 가끔 잠들려던 찰나에 오늘 봤던 블록버스터 영화의 영상과 화려한 사운드가 떠오르면 잠이 확 달아나듯 자폐 성향이 있는 아이들에게도 이와 같은 현상이 벌어집니다. 그래서 잠이 들려다가 이전에 들었던 노래를 흥얼거리거나 이전에 봤던 것들을 떠올리며 잠들지 못합니다.

이런 아이에게는 자신의 몸의 감각에 집중해서 잠들 수 있게 잠들 때까지 신체 접촉과 마사지를 해 주면 좋습니다. 그리고 집에서 아이의 청각을 산만하게 만드는 미디어 시청, 소리 나는 장난감, 소리 나는 펜 사용을 하지 않아야 합니다.

· 수면 문제 몸놀이 처방전

구분	몸놀이
청각 추구로 각성이 올라온 경우	· 잘 때 등 토닥토닥해 주기 · 잘 때 무게감 주는 신체 접촉 유지 · 자기 전에 몸 마사지: 머리 쓰다듬기, 팔다리 주물러 주기
활동량, 멜라토닌이 부족한 경우	· 에너지 소비가 많은 몸놀이 하기 · 햄버거 놀이(292쪽 참고) · 몸 터널 통과하기(282쪽 참고) · 바깥에서 햇빛 쐬면서 뛰어 놀기

정서적으로 불안한 아이,
감정 조절이 어려운 아이

저는 주로 3~7세 학령기 전 영유아 아동을 상담하는데 종종 14세 정도 되는 고학년 아이들도 만나게 됩니다. 길다면 길고, 짧다면 짧은 14년 동안 아이를 키운 부모님들은 간혹 아이의 어릴 적 모습이 어땠는지 잘 기억하지 못하기도 합니다. 그럼에도 부모님들이 공통으로 분명하게 이야기하는 것이 있습니다. 바로 '감정'에 대한 것입니다.

제가 만난 한 아이는 어릴 적에는 무척 순했다고 합니다. 잘 울지도 않고 혼자 잘 노는 아이였는데 6~7세가 되면서 이유 없이 자기 몸을 깨물기 시작했고, 분노발작 같은 과잉행동을 했다고 했습니다. 1시간 남짓 상담이 진행되는 중에도 아이의 과잉행동은 끊임없이 반복되었습니다. 부모는 본인과 비슷한 체격의 아이를 통제하느라 분주하고 정신없어 보였습니다.

아이는 자신의 감정을 잘 다룰 줄 알아야 합니다. 감정을 폭넓게 경험하지 못하면 어느 시기가 되었을 때 감정은 시한폭탄이 됩니다. 따라서 감정을 충분히 잘 다루고 잘 조절하도록 일부러라도 감정 경험을 제공해 줘야 합니다. 그래야 자신의 감정을 어떻게 다루고 처리해야 하는지 알게 됩니다.

- 내 감정은 어떤가?
- 내 감정을 어떻게 이해해야 할까?
- 내 감정은 왜 이런 걸까?
- 내 감정을 어떻게 조절해야 할까?

아이는 다양한 감정 경험을 하면서 위와 같이 생각하고 잘 알아야 합니다. 감정은 가만히, 잔잔히 묻어 두는 게 아니라 느끼고, 알아 가고, 다루면서 조절해야 합니다.

감정은 여러 가지가 있습니다. 우리는 감정을 좋고 나쁜 것으로 나눌 수 있을까요? 화가 나는 것은 나쁜 감정이고, 기쁜 것은 좋은 감정일까요? 아닙니다. 화가 나거나 기쁜 것은 여러 감정 중 하나일 뿐입니다. 감정의 좋고 나쁨은 상황에 따라 얼마나 잘 조절하느냐에 달려 있습니다. 즐거운 일이 있어도 장례식장에서는 웃을 수 없고, 회사에서 화가 나도 다른 직원에게 욕을 하면 안 되고, 짜중이 나도 밥상을 엎으면 안 되듯이 아이가 자신의 감정을 잘 다룰 수 있게 도와주는 것이 중요합니다.

・ 정서 불안 감정 조절 몸놀이 처방전

구분	몸놀이
무표정한 아이, 다쳐도 울지 않는 아이, 짜증이 많아 울음으로 해소하지 못하는 아이, 한번 울기 시작하면 조절이 안 되는 아이	・온몸 마사지 ・손바닥 도화지 ・숨바꼭질 ・함께 웃는 놀이 ・칭찬 도장(308쪽 참고) ・손뼉치기(272쪽 참고) ・햄비거 놀이(292쪽 참고) ・씨름 놀이(320쪽 참고) ・레슬링 놀이(254쪽 참고) ・동물 표정과 감정을 흉내 내는 놀이(호랑이가 화가 났어! 하 며 화난 표정으로 이야기 나누기, 멍멍이가 슬퍼서 울었어, 하며 슬픈 표정으로 이야기하기)

소근육 발달이 늦는
아이

손을 '제2의 뇌'라고도 합니다. 손 사용은 단순히 손의 기능 향상뿐만 아니라 전반적인 발달에 매우 지대한 영향을 미칩니다. 아이가 손을 잘 쓸수록 움직이는 데 더 자신감이 생기고 손으로 하는 것들에 대한 흥미가 높아집니다. 상대방의 손 움직임에도 관심이 생겨 모방이 늘어나고, 엄마처럼 요리하고 선생님처럼 그림 그리고 싶어합니다. 아이가 적극적으로 손을 사용하게 하려면 피해야 할 것들이 있습니다.

• **손에 물건을 계속 쥐고 있는 것**: 갖고 놀지 않으면서 물건을 계속 쥐고 있으면 손에서 슬쩍 빼 주셔야 합니다.

- 스마트폰, TV 등 각종 시청각 자극들: 아이가 신체를 탐색하지 않고, 신체 지도가 제대로 형성되지 않습니다.
- 과잉 보호: 아이는 숟가락을 사용해 스스로 밥을 먹어야 합니다. 놀다 넘어지면 스스로 손을 딛고 일어나야 합니다. 아이의 손에 뭐가 묻었을 때는 스스로 손을 보며 닦아야 합니다. 아이가 해야 하는 것을 부모가 대신 해 주면 아이의 능력은 커질 수 없습니다.

위에서 실명한 것들은 꼭 피하되 아이와 함께 손을 접촉하고, 관절을 힘 있게 입체적으로 움직이는 몸놀이를 해 주시기 바랍니다.

- 소근육 발달 지연 몸놀이 처방전

구분	몸놀이
소근육 발달이 느린 아이	· 손끝 마사지(328쪽 참고)　· 전기 놀이(274쪽 참고) · 서로 손 꽉 잡기　· 새끼손가락 걸고 약속하기 · 손뼉치기(272쪽 참고)　· 가위바위보 놀이 · 손 크기 재기　· 윗몸 일으키기(324쪽 참고) · 손 마주 대고 화이팅 하기(310쪽 참고) · 철봉 매달리기: 손으로 자신의 신체 전체를 책임지기 · 줄다리기: 줄을 자신의 몸쪽으로 당기기 · 무거운 것 밀기: 자신의 몸쪽에서 바깥쪽으로 밀기

신체 협응이 미숙한
아이

아이들과 수업을 하다 보면 자기 쪽으로 공이 날아오는데도 손으로 막거나 몸을 움직여 공을 피하지 않고 가만히 서 있는 아이들이 있습니다. 손과 팔로 얼굴과 머리를 보호하지 못하고 얼굴 그대로 바닥에 쿵 하고 넘어지는 아이들도 있습니다. 풍선 수업을 할 때는 가볍고 통통 튀는 풍선으로 아이의 이마나 머리를 톡톡 두드립니다. 귀찮거나 하기 싫으면 풍선을 손으로 밀어내거나 다른 쪽으로 이동하면 되는데 그렇게 하지 않습니다. 앞에 허들이 있으면 두 발로 뛰거나 다리를 높이 올려서 넘어가면 되는데 허들 앞에서 머뭇거리거나 옆으로 돌아가 버립니다.

　우리 몸은 서로 연결되어 있습니다. 연결된 신체 부위가 서로 신호를 주고받아 움직이면 우리 몸으로 할 수 있는 것이 무궁무진해집니다. 이 무한한 잠재력을 가진 몸이 잘 발달하려면 몸을 다양하게 움직일 기회가 많아야 합니다. 몸놀이를 하면 관절을 폭넓게 움직이고 힘을 많이 주게 됩니다. 아이가 신체를 어떻게 협응하는지 잘 알려면 다른 사람들의 몸이 어떻게 움직이는지 관찰하고 모방해야 합니다. 눈으로 보고 아는 것을 포함해서 몸과 몸이 접촉하면서 충분히 경험해야 합니다. 몸놀이는 신체 협응을 돕는 최고의 방법입니다.

· 신체 협응 미숙 몸놀이 처방전

구분	몸놀이	
신체 협응, 감각 통합이 안 되는 아이	· 발등 위 걷기(260쪽 참고) · 매달리기(270쪽 참고)	· 네 발 기기

편식이 있고
잘 씹지 않는 아이

잘 씹지 않는 아이, 퍽퍽하거나 질기면 음식을 넘기지 못하고 뱉는 아이, 평소 안 먹던 음식을 맛만 보게 해도 구역질하고 토하는 아이……. 골고루 잘 먹고 건강하게 크길 바라는 마음을 몰라 주는 아이의 식습관 때문에 애태우는 많은 부모님을 만나 왔습니다. 새로운 것, 낯선 것을 받아들이거나 적응하지 못하는 자폐 성향은 아이의 전반적인 발달을 지연시키는 주원인이 됩니다. 또한 식습관에도 큰 영향을 끼쳐 영양 불균형을 초래합니다. 아이가 평소 익숙하고 편한 것만 하려고 한다면 편식은 당연하다고 봐야 합니다.

우리 몸으로 하는 가장 적극적인 탐색은 음식을 입에 넣고, 씹고, 삼키는 것입니다. 눈으로 보고, 만지는 것조차 하지 않으려는 아이가 낯선 음식을 알아서 입으로 가져갈 리 없습니다. 결국 입으로 새롭고 다양한 감각 수용을 하는 기회가 많아져야 편식 문제를 해결할 수 있습니다.

아이가 잘 먹으려면 일단 배가 고파야 합니다. 아이가 에너지를 충분히 사용하는 활동적인 시간을 보내면 자연스럽게 배가 고파지고, 음식에 관심을 보이고 먹으려는 의욕이 높아집니다. 몸놀이는 아이의 배꼽시계를 울리게 하고 아이가 다양한 맛을 더 잘 느끼게 도와줍니다. 아이가 밥을 잘 먹지 않아서 걱정이라면 수저 들고 쫓아다니기 전에 아이와 몸놀이부터 시작해 보세요. 함께하는 식사가 더욱 행복해지고 밥맛도 좋아질 것입니다.

구강의 자극 수용은 음식을 먹고 맛을 느낄 때만 이뤄지는 것이 아닙니다. 먹는 상황이 아니더라도 호흡할 때, 힘을 줄 때, 움직일 때 혀와 입 안의 점막들로부터 자극 수용이 이뤄집니다. 예를 들어 울거나 숨차게 운동을 할 때 거친 호흡이 이뤄지는데 이때 공기가 코와 입, 기도를 넘나들면서 구강 안 감각수용체를 통해서 뭔가를 느끼게 됩니다. 몸에 힘을 줄 때도 성대에 힘이 들어가고 혀가 단단해집니다. 이런 과정을 통해 침이 분비되고 혀와 턱, 입술, 입천장 등이 활발히 움직이게 됩니다.

• 식습관 문제 몸놀이 처방전

구분	몸놀이
편식이 심하고 잘 씹지 않는 아이, 밥을 잘 먹지 않는 아이	· 구강 마사지 · 동물 흉내 내기(입이 큰 동물 중심으로) · 바람 불기 놀이: 서로의 얼굴에 불거나 촛불 끄기 · 손등에 입방귀 소리 내기 · 혀 움직이기 놀이: 뱀 흉내 내기, 메롱하기

대소변 가리기가
늦는 아이

아이마다 시기가 조금 다를 수 있지만, 보통 두 돌이 지나면 대소변을 가리기 시작합니다. 아이가 적절한 시기에 맞춰서 대소변을 잘 가리려면 성기와 항문 주변 감각을 잘 수용해야 합니다. 즉, '응가가 마렵다', '쉬야가 나올 것 같다'는 느낌을 알아야 합니다. 대소변을 잘 가리기 위해서는 성기와 항문 주변 신체 부위에 충분한 감각 자극이 필요합니다. 엉덩이, 허벅지, 배꼽은 성기와 항문에 연결되어 있는 신체 부위고, 감각적으로 연결되어 있습니다. 따라서 아이의 엉덩이, 허벅지, 배꼽 쪽을 많이 쓰는 마사지와 몸놀이를 해 주시는 게 좋습니다.

성기를 만지거나 비비는 유아 자위 행위를 하는 아이도 아래와

느리고 서툰 아이 몸놀이가 정답이다

같은 몸놀이가 도움이 됩니다. 유아기에 성기를 만지는 것은 그 부위 감각이 상대적으로 예민하기 때문에 관심을 갖고 탐색하는 것일 수 있습니다. 그러나 장기간 성기 주변으로 관심이 편중되면 비사회적 행동으로 보일 수 있습니다. 아이가 몸을 인식하고 감각을 받아들이기 위해 사용하는 신체의 범위가 확장되면 이 문제는 자연스럽게 해결됩니다. 신체 일부에 제한된 관심이 신체 전반으로 연결될 수 있도록 도와주세요.

• 대소변 가리기 몸놀이 처방전

구분	몸놀이
대소변을 못 가리는 아이, 변비가 있는 아이, 성기를 만지는 아이	· 코카콜라 놀이: 다리를 교차해서 서로의 다리와 허벅지 번갈아 두드리기 · 배꼽 주변 마사지: 엄마 손은 약손 · 다리 마사지: 꾹꾹 주무르기, 주먹으로 두드리기, 손끝으로 누르기, 탁탁 두드리기(허벅지 쪽 위주로 마사지하기) · 다리 구부려 배 누르기(250쪽 참고)

친구와 잘 어울리지 않는 아이

친구와 잘 어울리지 않는 아이는 이렇게 해석해 볼 수 있습니다.

- 친구들과 놀 기회가 없는 아이
- 혼자 노는 시간이 많은 아이

놀아 본 아이가 놀 줄 압니다. 놀아 본 경험이 많은 아이는 놀면서 놀이의 즐거움을 알게 되고, 계속 놀려고 합니다. 놀다 보면 놀이는 또 다른 놀이로 확장됩니다. 그렇게 놀이는 다른 놀이를 이끌어 줍니다. 놀이는 풍성한 사회적 경험을 제공해 주고, 사회성 발달을 돕습니다. 제대로 놀아 본 적이 없어서 놀이에 소극적이고,

혼자 노는 게 익숙해서 몸놀이에 저항이 있는 아이라면 어떻게 해야 할까요? 일단 경험할 수 있도록 놀이를 이끌어 주는 것이 좋습니다. 소통과 상호 작용의 즐거움을 느낄 수 있는 놀이로 시작하면 됩니다. 적극적이고 확실한 소통이 이뤄지는 몸놀이로 아이와 놀아 주세요. 같이 몸을 부대끼며 놀다 보면 즐거움을 알게 되고, 나중에는 먼저 몸놀이 하자고 다가오고 더 놀자고 요청하게 됩니다.

친구와의 놀이도 마찬가지입니다. 일단 서로의 몸을 접촉하면 친구에게 관심이 생기고 친밀감이 높아집니다. 친밀한 관계가 형성되면 점차 친구와 함께하는 즐거움을 느끼게 됩니다. '시간이 지나면 사회성이 좋아지겠지'라고 생각하고 기다리기만 하면 안 됩니다. 사회성은 경험하면서 향상됩니다. 지금 당장이라도 부모, 친구와의 몸놀이를 시작해 보세요. 아이의 사회성이 쑥쑥 자랄 수 있게 말입니다.

· 친구와 잘 어울리는 몸놀이 처방전

구분	몸놀이	
혼자 노는 아이, 친구에게 관심이 없는 아이	·둥글게 둥글게(296쪽 참고) ·잡기 놀이 ·무궁화 꽃이 피었습니다 놀이	·2인 3각 ·손뼉치기(272쪽 참고)

ADHD 증상이 있는 아이

집중력은 깊이 있는 사고가 활발하게 이뤄질 때 향상됩니다. 깊이 있는 사고는 '나'를 중심으로 주변 정보들을 모으고, 연결하고, 통합할 때 이뤄집니다. 몸을 움직이고 힘을 쓰고 조절할 때 내 몸에 있는 감각수용체들이 활발하게 정보를 받아들입니다. 즉, 아이들의 집중력을 향상시키기 위해서는 몸을 움직이는 게 중요합니다. 특히 '힘'을 쓰면서 움직여야 합니다. 힘을 쓰면 자신의 몸을 어떻게 사용해야 하는지 적극적으로 생각하고, 신체와 신체를 연결하게 됩니다.

예를 들어 볼까요? 10킬로그램짜리 쌀 한 포대가 있습니다. 한 아이가 쌀 포대를 보며 생각합니다.

'꽤 무거울 것 같은데? 들 수 있을 것 같기도 하고…… 무게가 얼마나 될까?'

아이가 쌀 포대를 손으로 들어 봅니다.

'오~ 무겁다. 쉽게 들리지 않겠는데?'

무게를 가늠해 본 아이는 양팔에 힘을 주고 자세를 낮춥니다. 배와 허벅지에 힘을 주자 표정에 힘이 들어갑니다. 쌀 포대를 움켜쥐고, 온몸이 쌀포대를 올리는 방향으로 힘 있게 움직입니다.

그동안 주의가 산만하고 집중력이 부족한 아이들을 많이 만났습니다. 이런 아이들과 무거운 것을 들어서 옮기거나 친구가 탄 타이어를 힘 있게 끄는 활동들을 자주 하는데, 체격에 비해 힘을 잘 쓰지 못하는 아이들이 많습니다. 어느 방향으로 힘을 주고 모아야 하는지 모르기 때문입니다. 그래서 금세 포기해 버리고, 자신 없어 하는 모습을 보입니다.

이 아이들의 주의력과 집중력 향상을 위해 무거운 것을 드는 수업을 참 많이 했습니다. 친구와 서로 허리를 연결해서 힘겨루기도 하고, 자기 몸집보다 큰 활동 매트를 옮기고, 쌓고, 무너트리는 활동도 했습니다. 그러자 아이들의 근력이 향상되면서 집중력도 함께 좋아지는 모습을 볼 수 있었습니다.

제가 만난 아이 중 승훈이라는 아이가 있었습니다. 주의력이 부족해서 학교 공부에 큰 흥미가 없었고, 받아쓰기도 30~40점 정도 받는 수준이었습니다. 게다가 여동생을 자꾸 때리고 말도 어눌해서 저와 함께 하는 프로그램에 참여했습니다. 3학년 여름 방학 동안 수업을 하며 큰 삽으로 함께 흙도 파고 물동이로 물을 길어 밭에 뿌려 줬습니다. 아이 몸집보다 큰 매트를 옮기기도 하고, 위로 높이 쌓기도 했습니다. 친구들과는 레슬링, 씨름, 인간 탑 쌓기, 줄다리기 등 힘을 겨루는 놀이로 많은 땀방울을 흘리며 함께 여름을 보냈습니다.

열심히 힘 쓰고 땀 흘린 여름 방학이 지나고 새 학기를 맞이한 승훈이는 며칠 지나시 않아 받아쓰기에서 100점을 맞았다며 활짝 핀 얼굴로 제게 다가왔습니다. 담임 선생님이 승훈이의 수업 태도가 매우 좋아졌다며 크게 칭찬해 주었다고 했습니다. 승훈이의 어머님은 승훈이가 동생을 때리는 것도 거의 사라졌다며 흐뭇해하셨습니다.

집중력과 힘 쓰기의 연관성을 자세히 설명하려면 더 많은 지면이 필요하겠지만, 결론은 다음 한 문장으로 요약할 수 있습니다.

· 아이의 집중력은 힘을 써야 향상된다.

아이와 함께 몸놀이 하며 힘 쓰고 땀 흘려 보세요.
아이의 뇌력腦力과 집중력은 물론 자신감까지 높아질 것입니다.

・ ADHD 몸놀이 처방전

구분	몸놀이
ADHD 증상이 있는 아이	・힘쓰는 놀이(친구 말 태우기, 엄마 비행기 태우기) ・힘 겨루기 놀이(씨름, 레슬링, 유도) ・힘쓰고 몸 쓰며 빠져나오기(햄버거 자세에서 빠져나오기)

7세 이상 학령기의
발달이 느린 아이

아이가 7세 이상이 되면 힘이 세지고 키와 몸집도 커집니다. 아이와 발등 위 걷기 같은 몸놀이를 하면 엄마 발등 위에 올라간 아이 무게 때문에 발이 아픕니다. 거꾸로 들어 주려고 몸을 들면 허리에 무리가 되고, 디스크가 터질 것 같은 통증도 생깁니다. 7세 이상 아동 부모님들의 이러한 고민 섞인 질문을 참 많이 받았습니다.

"아이가 8살인데 어린 아이들과 똑같이 몸놀이 해야 하나요?"
"제가 너무 힘들어서 몸놀이를 못 해 주겠어요."
"아이가 무겁고 힘이 세서, 제 무릎에만 앉아도 관절이 시큰거리며 아파요."

느리고 서툰 아이 몸놀이가 정답이다

7세 이상인 아이들은 형제자매나 또래들끼리 몸놀이를 하게 해 주세요. 부모가 아이에게 해 주던 몸놀이를 아이들끼리 하면 감각 발달과 사회성이 향상되고 또래 관계도 좋아집니다. 또는 아이가 부모에게 해 주는 것도 좋습니다. 아이에게 등을 밟아 달라고 해 보세요. 등이 시원할 것입니다. 아이에게 비행기를 태워 달라고 해 보세요. 진짜 비행기는 못 타도 날 것 같은 기분이 드는 즐거운 시간이 될 것입니다. 그동안은 부모가 아이와 몸놀이 해 주며 힘 쓰고 애썼다면, 이제는 아이 힘으로 부모의 몸무게를 느끼게 해 주면 됩니다.

• 7세 이상 아이 몸놀이 처방전

구분	몸놀이
발달이 느린 7세 이상 학령기 아이	· 레슬링(254쪽 참고) · 유도 · 씨름하기(320쪽 참고) · 빠져나오기 놀이 · 축구공, 농구공 주고받기 · 가위바위보 하기 · 동생 업어 주기 · 엄마 비행기 태워 주기(252쪽 참고) · 몸으로 말해요: 음식, 사물, 동물 등을 몸으로 표현해 상대방이 맞추게 하기

Chapter 5

더 재밌게! 더 알차게!
실전 하루 30분 몸놀이

몸놀이,
학습보다 체득이 먼저다

체득體得은 '몸으로 익힌다'는 뜻으로 실제 경험을 통해 깨닫는 것을 말합니다. 예를 들면 몸놀이 할 때 서로 팔을 잡고 다양한 방향으로 흔들고 돌리는 과정에서 아이는 팔의 활동 반경과 움직일 때의 자세, 힘주는 방법들을 자연스럽게 체득합니다. 그렇다면 어떤 몸놀이를 통해 무엇을 체득할 수 있을까요? 간단하게 몇 가지만 소개해 보겠습니다.

• 아이와 서로 발을 맞대고 자전거 타듯이 마주 다리 굴리기

다리의 힘과 관절의 움직임을 체득하게 됩니다. 아이가 본인 다리와 부모의 다리를 지켜보기 때문에 시각 발달, 눈과의 신체 협응

력이 좋아집니다.

- 서로 껴안고 누워서 데굴데굴 구르기/등을 대고 뒤로 팔짱 껴서 앞, 옆
  으로 움직이기

평소 익숙하던 몸의 움직임 방향을 더 넓혀 줍니다. 공간지각 능력, 다른 방향으로 이동하는 몸 움직임에 대한 이해가 더 커집니다.

- 서로 손을 잡고 전력을 다해 달리기

속도감에 따라 가속과 제동을 하며 몸 쓰는 방법을 알게 됩니다. 단순히 움직이면서 시각 자극을 받아들이는 것이 아닌 속도감, 위치감 등에 집중하게 되고 자기 몸 중심으로 더 자극을 받아들이는 시간이 됩니다.

이렇게 몸을 아끼지 말고 아이와 신체를 맞대고 같이 움직여 보세요. 학습보다 우월하고 훈련보다 탁월하며 지시보다 영향력 있는 체득의 효과를 톡톡히 보게 됩니다. 아이가 자신의 몸을 잘 알고 잘 사용하는 최고의 방법은 부모가 몸을 통해 알려 주는 것입니다. 적극적인 몸놀이로 아이가 건강하게 성장할 수 있게 도와주세요.

100배 더 즐거워지는
몸놀이 노하우

몸놀이를 왜 해야 하는지에 대해 알아봤으니 이제는 몸을 움직여야 할 때입니다. 똑같은 몸놀이라도 어떻게 하느냐에 따라서 효과가 매우 달라질 수 있습니다. 아래 내용을 꼭 참고해서 몸놀이 하시길 바랍니다.

① 움직이는 방향은 뒤나 옆으로

우리는 앞으로 걷고 움직이는 것이 익숙합니다. 아이가 감각을 더 많이 쓰고 집중하게 하려면 뒤나 옆으로 움직이는 몸놀이를 해 보세요. 뒤로 걷기, 엉덩이로 뒤로 움직이기, 무릎으로 옆으로 움직이기, 누워서 뒤로 움직이기 등 다양한 몸놀이를 할 수 있습니다.

② 시선은 위보다는 아래를 향하게

우리의 시선은 시각적 이미지를 떠올릴 때 위쪽을 향하고, 지나간 일을 생각할 때는 옆을 향한다고 합니다. 우리가 생각에 빠질 때 시선은 아래로 내려갑니다.

눈은 신체 부위 중 가장 위쪽에 위치합니다. 다른 신체 부위들은 대부분 눈 아래쪽에 위치합니다. 몸을 잘 이해하려면 계속 자신의 몸을 봐야 합니다. 그래서 아래를 봐야 합니다. 엉금엉금 기기, 경운기 자세, 터널 통과하기, 땅 파기 등의 놀이를 통해 아이가 아래쪽에 시선을 두고, 본인의 몸에 관심을 가질 수 있게 해 주세요.

③ 신체 접촉면은 넓게

신체 접촉면이 넓다는 것은 그만큼 피부를 통해서 많은 정보를 받아들이고 있다는 것입니다. 또한 우리 몸을 활동적으로 쓰고 있다는 지표이며, 뇌가 활성화되고 있음을 뜻합니다. 까치발로 걷거나 앉아 있는 것을 싫어하는 아이들이 있습니다. 이는 신체 접촉면을 줄이기 위한 것일 수 있습니다. 이렇게 접촉의 경험이 적거나 접촉면이 적은 경험 위주로 생활이 이뤄지면 후천적으로 자폐 성향이 생길 수 있습니다. 껴안기, 햄버거 놀이, 레슬링, 씨름, 앞 구르기, 옆 구르기 등 접촉면이 넓은 활동을 자주 해 주세요.

아이를 바닥에 눕혀서 마사지하듯 팔을 꾹꾹 눌러 줄 때 아이의 신체 접촉면이 훨씬 넓어집니다. 부모의 손과 아이의 팔이 접촉하고 아이의 등과 팔이 바닥면과 접촉합니다. 부모의 손과 접촉하는 동시에 바닥에도 접촉하는 것입니다. 또 아이 팔을 꾹 누를 때 신체 내부에서는 더 많은 접촉이 일어납니다. 근육과 뼈, 혈관과 혈관이 접촉하고 관절과 근육, 힘줄들이 서로 접촉합니다. 몸통을 눌러 줄 때는 내장과 내장끼리 가까워집니다. 몸속을 통과하는 음식물, 수분, 대소변이 되는 물질들이 서로 활발하게 이동하며 접촉합니다. 이런 접촉을 통해 수많은 감각적 자극을 주고받으며 더 많은 정보가 뇌에 전달되고, 접촉면이 넓을수록 뇌의 작용이 더욱 활성화됩니다.

④ 신체끼리 접촉면은 넓게, 신체 위치는 낮게

다른 사람과의 신체 접촉면이 넓은 것도 중요하지만, 신체 부위끼리의 접촉면도 넓을수록 좋습니다. 가장 좋은 것은 몸을 쭈그리는 것입니다. 몸을 쭈그리면 신체 부위끼리의 접촉면이 넓어지고

느리고 서툰 아이 몸놀이가 정답이다

자연스럽게 관절이 구부려지고 움직여집니다. 관절이 움직이면서 근육의 자극도 많아집니다. 또한 몸을 쭈그린 상태가 되면 자신의 호흡을 더 잘 느끼고 신체의 미세한 움직임과 진동을 인지하며 몸을 더욱 폭넓게 이해하게 됩니다.

또한 신체 위치를 낮추는 자세로 관절 마디마디를 구부려 몸을 더 많이 쭈그릴 때 아이의 감각이 발달합니다. 오리걸음, 네 발 기기, 좁은 곳 통과하기, 숨바꼭질 같은 놀이를 해 보세요. 배와 허벅지를 마주 대고 몸통을 중심으로 여러 신체 부위가 닿는 몸놀이를 자주 해야 합니다.

몸을 쭈그리면 신체 부위들이 접촉하면서 감각 발달이 촉진됩니다. 몸을 구부리고 아래를 보면서 움직여야 합니다. 많이 쭈그리고, 관절을 다양하게 움직이고, 관절에 적절한 힘을 가해 고유 수용성 감각이 발달할 수 있게 아이와 놀이해 보세요. 아이가 몸을 잘 구부리며 움직일 때 "어~ 쭈구리~ 진짜 잘하는데~ 멋져. 최고야!"라며 아낌없이 칭찬해 주시면 좋습니다.

⑤ 관절은 최대한 많이 사용하자

우리 몸에는 신체 부위를 연결하는 많은 관절이 있습니다. 체조, 스트레칭, 요가 등 관절을 입체적으로 움직이는 활동을 해 주세요. 관절에 힘이 들어가도록 밀고 당기는 몸놀이도 좋습니다. 엄마 아빠 비행기 태워 주기, 팔굽혀펴기, 줄다리기, 자전거 타기 같은 활동을 추천합니다.

⑥ 힘은 최대한 많이 쓰자

앞에서 언급했듯이 힘 쓰기는 주의력, 집중력 향상에 매우 유익합니다. 아이는 힘을 쓰면서 자신이 할 수 있는 일이 많다는 것을 깨닫고 성취감을 느끼게 됩니다. 또한 매사에 자신감과 의욕, 흥미가 높아집니다. 본인의 힘으로 매달리고, 힘 써서 잡아당기고, 힘 있게 움직여서 빠져나오고, 힘껏 밀어내고 들어 올리게 해 주세요.

⑦ 꾹~꾹! 압박감을 주자

아이와 몸놀이를 할 때 들어 주고, 돌려 주고, 날려 주는 놀이도 좋지만 제가 가장 추천하는 몸놀이는 아이가 압박감을 느끼는 몸놀이입니다. 압박감을 주는 몸놀이는 아이가 몸을 입체적으로 인식하게 합니다. 아이가 놀이를 통해 압박감을 경험하면 앞이나 뒤, 상하좌우뿐만 아니라 부피, 둘레, 무게, 질량 등의 개념을 인지하게 됩니다. 예를 들어 아이의 팔뚝을 꾹 누르면 살이 옆으로 퍼지는데 손목에는 살이 없어 눌러도 팔뚝만큼 퍼지지 않으며 오히려 단단한 뼈가 만져집니다. 이를 통해 팔뚝은 두껍고 손목은 가늘다는 사실을 자연스럽게 알게 됩니다. 이런 정보들이 쌓여 두께에 대한 인지 개념이 정립됩니다.

이 과정을 통해 신체 인식이 올바르게 형성된 아이들은 몸을 다양하게 움직입니다. 관절을 다양한 방향으로 사용하고 특정 활동에 필요한 신체 부위에 적절히 힘을 주며 안정적인 자세를 잡습니다. 또 자신의 몸을 움직이는 것에 즐거움을 느낍니다. 더 많은 신체 정보를 뇌에 전달하고자 부산하게 움직이며 활발하게 활동합니다.

압박감을 주는 몸놀이를 하면 특히 혈관의 탄력이 좋아집니다. 혈관은 수분과 혈액의 양이 적으면 수축되었다가 양이 많아지면 늘어납니다. 우리가 혈압을 잴 때 팔을 꽉 조였다가 점점 느슨하게 풀면서 혈압을 재는 것과 같은 원리입니다. 쉽게 실핏줄이 터지는 아이는 이런 압박의 경험이 적어서 힘을 조금만 주어도 혈관이 터지는 것입니다.

우리 몸이 충분한 압박감을 경험할 때 혈관의 탄력이 생기고 뼈는 힘에 대해 반응하며 뼈 주변으로 근육이 생기게 됩니다. 이렇게 압박감을 주며 신체 접촉면을 늘려 주면 아이의 신체 움직임이 건강해집니다.

또한 압박감을 주는 몸놀이를 하면 다양한 신체 부위에 힘이 들어가기 때문에 신체를 잘 이해하게 됩니다. 배를 꾹 눌러 보면 배뿐만 아니라 머리, 목, 눈, 이마, 턱, 혀, 배, 항문, 가슴, 손끝, 발끝

등 많은 곳에 힘이 들어갑니다. 몸에 힘이 들어가는 경험은 신체 부위에 힘을 넣거나 빼며 조절하는 기회가 됩니다. 그리고 각 신체 기관의 위치와 움직이는 방향을 이해하며 그 신체 부위에 힘을 주면 무엇을 할 수 있는지 습득하게 됩니다. 그래서 다음과 같은 것들이 가능해집니다.

- 잘 씹는 것
- 음식물을 목 뒤로 잘 넘기는 것
- 코를 푸는 것
- 호흡을 길게 하는 것
- 볼일 볼 때 힘을 잘 주는 것
- 숨을 참았다가 한꺼번에 내쉬는 것
- 손가락 마디마디에 힘을 주는 것
- 발가락과 발바닥에 힘을 주고 버티거나 밀면서 균형을 이루는 것

위에서 언급한 것뿐만 아니라 더 많은 기능적인 움직임들이 가능해지고, 언어 발달도 촉진됩니다. 입술을 어떻게 움직여야 하는지, 소리를 더 크게 내려면 목과 배에 어떻게 힘을 주어야 하는지, 혀와 턱을 움직이면 소리가 어떻게 달라지는지 알게 됩니다. 이처럼 압박감을 경험하면 몸을 잘 쓰게 되는 것은 물론 자신의 신체를 똑똑하게 이해하고 뇌 발달이 촉진됩니다.

아이의 몸에 압박감을 줄 때는 빠르고 짧게 하는 것보다 아이가

한 신체 부위에 충분히 집중하고 생각할 수 있도록 한 곳을 지그시 누르며 압박하는 게 좋습니다. 손바닥 전체 또는 손목으로 아이의 신체 부위를 2초 정도 힘 있게 눌렀다가 떼 주세요. 그리고 이것을 5번 정도 반복한 다음 다른 부위로 바꿔서 해 주세요.

하루 30분,
몸놀이에 온전히 집중하는 시간

몸놀이는 시간이 날 때, 생각이 날 때 가끔 하는 것이 아니라 아이와의 약속이라 생각하고 매일 정해진 시간에 해야 합니다. 몸놀이 시간에는 아무에게도 방해받지 않아야 하며 어떤 우선순위에도 밀리지 않아야 합니다. 그리고 '30분'이라는 시간도 엄수해야 합니다. 몸놀이를 짧게 자주 하는 것도 좋지만, 아이와 제대로 소통하기 위해서는 하루에 한 번은 30분 동안 쭉 이어서 해야 합니다. 30분 동안 온전히 소통하면 어떤 효과가 있을까요? 저는《아이의 모든 것은 몸에서 시작된다》에서 이렇게 이야기했습니다.

어떤 한 사람과 한 장소에서 30분 이상 소통한다고 해 보자. 30분 동안 소통하기 위해서는 상대방에게 더 집중해야 한다. 이야기할 거리도 생각하며 찾아야 하고, 상대방의 행동과 표정, 여러 반응을 잘 살펴야 한다. 그렇게 30분간 소통하고 나면 상대방에 대해 많은 것을 깨닫게 된다. 외모, 성격, 취미, 관심사 등의 정보를 알게 된다. 즉, 관계가 형성되고, 소통을 통해 공유한 것들이 생긴다.

··· 중략 ···

한편, 이 사람을 2~3분가량 필요할 때만 10번 이상 만났다고 해 보자. 인사하고, 필요한 이야기를 하고 이내 뒤돌아선다. 그 짧은 만남이 10번이 되고 100번이 되고 나눈 시간이 30분이 훨씬 넘더라도 그 사람과 친하다고 느끼지 않는다. 나의 지인에 포함되지 않는다. 자주 가는 편의점의 직원, 출근길에 간단한 인사를 나누는 주차장 경비원 아저씨를 매일 만나지만 우리는 이들과 소통한다고 생각하지 않는다.

－《아이의 모든 것은 몸에서 시작된다》 200~201쪽

아이와 30분 몸놀이를 해 본 부모님들은 이런 반응을 보입니다.

"30분이 이렇게 긴 줄 몰랐어요. 왜 이렇게 시간이 안 가는지."
"몸놀이 하다가 시계를 보면 5분밖에 안 지난 거 있죠?"

아이와의 30분 몸놀이가 막막한 부모님들을 위해 몇 가지 사례를 소개하겠습니다.

재밌고 알차게 놀자!
30분 몸놀이 커리큘럼

앞으로 소개해 드릴 세 가지 몸놀이 전개 방법은 실제로 저와 함께 하는 부모님들이 가정에서 하는 몸놀이를 정리한 것입니다.

30분 몸놀이 커리큘럼 ①

- 짐볼 굴리기, 터널 통과하기 같은 놀이로 아이의 흥미와 재미를 유발, 자연스럽게 몸놀이에 참여시키는 시간(2~3분)
- 아이를 부모 앞에 앉히거나 눕힌 다음 간지럼 태우기 또는 모방 놀이. 부모와 상호 작용 하고 집중력을 높이기 위해 아이가 부모와의 시선을 유지

한 상태로 웃으며 할 수 있는 놀이 실시(2~3분)

- 아이가 좋아하는 몸놀이를 4~5가지씩 엮어서 각 몸놀이마다 2~3분 내외로 진행(총 10분 내외)

  - 비행기 태우기→아빠 산 오르기→목마→목마 버티기→몸이 거꾸로 떨어지면 빙글빙글 회전→다시 위로 세워 한 바퀴 돌면서 내려오기

  - 팔 그네 타기(아이 겨드랑이에 팔을 걸치고)→팔 그네 타기(양팔에 아이가 가로로 누워)→떡 사세요→시계추→한 바퀴 돌아 내려오기

  - 커틀벨 스윙(그네 원리)→빙글빙글 회전→거꾸로 자세→회전시키며 들어 올려 어깨 목마→한쪽 팔, 한쪽 다리 잡고 회전

- 힘 쓰는 놀이 3~4가지를 각 2~3분 내외로 진행(총 10분 내외)

  - 윗몸 일으키기 20개→거실에서 주방까지 오리걸음 한 바퀴 반→옆 구르기→앞 구르기

  - 윗몸 일으키기 20개→네 발 기기→햄버거, 샌드위치 빠져나오기→팔다리로 아빠 밀기

  - 아빠 몸 빠져나오기→네 발 기기→아빠 비행기 태우기→철봉 매달리기→발 크레인

- 온몸 마사지(2~3분)

- "사랑해", "수고했어", "멋졌어", "잘했어"라고 칭찬하고 안아 주며 토닥토닥(2~3분)

- 하늘 그네(약 3분): 몸놀이의 시작을 유쾌하게 유도

- 공중 빙글빙글(2회): 양팔 잡고 일어선 상태로 아이가 공중에 뜨도록 강하게 빙글빙글

- 몸 던지기(4~5회): 뒤를 보고 일어선 상태로 허벅지를 잡은 후 머리가 아래로 가게 돌려 착지

- 아빠 등반(틈틈히 계속): 아이가 아빠의 손가락만 잡고 어깨까지 몸을 타고 올라간 후 어깨에서 지지하지 않고 서서 균형 잡기, 선 상태로 만세, 박수 등의 균형이 깨지는 동작 수행

- 목마: 아빠 등반 놀이 후 목마로 바로 전환, 목마 자세에서 균형을 잃게 해서 아이가 스스로 버티게 하기

- 비행기 자세: 누워서 아이 골반을 발로 지탱하고 아이는 엎드려 자세가 되도록 손만 잡아 주기

- 양손 균형 잡기: 비행기 자세 후 땅에 내리지 않고 그대로 몸을 뒤로 돌려 아이의 양발을 양손으로 잡고 아이가 몸을 일으킬 수 있도록 무릎으로 균형을 잡아 줌. 아이가 손 위에서 일어서면 아빠는 팔을 굽혔다 펴면서 아이의 균형을 무너뜨려 주고, 만세, 박수 등 균형이 깨지는 동작 수행

- 시계추: 시계추 자세에서 앞뒤, 양옆으로 흔들기. 앞뒤로 흔들면서 고개가 위로 더 올라오도록 힘 있게 흔들어 안아 마무리

- 무거운 공놀이 1: 2킬로그램짜리 공을 아이에게 던져 아이가 받고 버티는 동작 수행

- **무거운 공놀이 2:** 아이가 바구니를 잡고(손아귀 힘 중요) 부모가 그 바구니 위에 공을 떨어뜨려서 아이가 바구니를 꽉 잡고 놓치지 않도록 하는 놀이 (아이의 근육 발달 정도에 따라 공이 떨어지는 거리를 조절하면서 놀이)
- **무거운 공놀이 3:** 앉은 자세에서 부모는 머리 위에 바구니를 잡고, 아이가 공을 바구니에 넣도록 유도
- **부모와 함께 구르기(3~4회):** 마주 보는 햄버거 자세에서 옆 구르기. 구를 때 아이가 아래로 향하는 순간 빠르게 돌면서 아이가 더 큰 압박을 느끼도록 진행
- **힘쓰는 운동 1:** 윗몸 일으키기(10회), 서서 팔굽혀펴기(10회), 앉았다 일어서기(10회)
- **힘쓰는 운동 2:** 오리걸음(주방까지 한 바퀴), 기어가기(한 바퀴), 등으로 기어가기(한 바퀴), 거꾸로 오리걸음(한 바퀴)
- **마무리:** 안아 주기, 뽀뽀, 눈 맞춤, 토닥토닥

아이 컨디션에 따라 몸놀이 순서 변경하기

- **아이 컨디션이 안 좋을 때 몸놀이 패턴(약 30분)**

하늘 그네→공중 던지기→몸 던지기→아빠 등반→시계추→함께 구르기→윗몸 일으키기→서서 팔굽혀펴기

- **아이 컨디션이 좋을 때 몸놀이 패턴(약 1시간)**

하늘 그네→몸 던지기→아빠 등반→목마→비행기 자세→양손 균형 잡기→시계추→무거운 공놀이 1, 2, 3→부모와 함께 구르기→윗몸 일으키기→서서 팔굽혀펴기→앉았다 일어서기→오리걸음→네 발 기기→등으로 기기→거꾸로 오리걸음

30분 몸놀이 커리큘럼 ③

• 비접촉 예열 몸놀이(5~10분)

- 짐볼, 땅콩 짐볼, 짐볼 점프, 짐볼 말타기, 짐볼 중심 잡기, 짐볼 버티기, 짐볼에서 떨어지기, 짐볼 발로 차기, 짐볼 주고받기, 짐볼 굴리기
- 터널 그네, 회전
- 간지럼 태우기, 꼭꼭 숨어라, 잡기놀이

• 신체 접촉 밀착 몸놀이(30~50분): 비접촉 예열 몸놀이 후 아이가 좋아하는 몸놀이와 힘 쓰는 몸놀이 섞어(3:7) 수행(마무리는 햄버거 빠져나오기)

- 비행기(눈 맞춤)→손 위에 올라서서 중심 잡고 버티기→햄버거→간지럼 태우기, 껴안고 압박 뒹굴뒹굴→샌드위치→말타기(엄마 목 또는 어깨 꽉 잡기)→말에서 버티기, 떨어지기→십자가 껴안기 후 빠져나오기→껴안고 데굴데굴→엄마 손 잡고 몸 올라타기→올라탄 후 한 바퀴 돌아 내려오기→발 잡고 공중돌기→발 잡고 구르기→발 잡고 데굴데굴→무거운 공 주고받기, 무거운 공 머리 위로 들고 엄마한테 오기, 무거운 공 등 뒤로 들고 오기, 무거운 공 옆구리로 들고 오기→박쥐(엄마 팔에 다리 걸고 매달리기) 빙글빙글→박쥐 흔들흔들→앞뒤로 오리걸음→앞뒤로 네 발 기기→앞뒤로 엉덩이 끌어 기기→앞뒤로 무릎 기기→등으로 기기→엉덩이 들고 네 발 걷기→무릎 걷기→장애물 손수레→햄버거 빠져나오기
- 꼭꼭 숨어라→김밥 말이→이불 빠져나오기→햄버거→네 발 기기→배밀이→등으로 기기→엄마 발 위에 서서 걷기→햄버거→윗몸 일으키기→

176   느리고 서툰 아이 몸놀이가 정답이다

샌드위치→(서비스 이불 그네)→무거운 공 밀고 받기, 무거운 공 던지고 받기→시계추, 떡 사세요→발목 잡고 거꾸로 회전 그네→(서비스 터널 그네)→좁은 터널(터널 안에 장애물 넣기) 빠져나오기→엄마 목 잡고 매달리기→다리 잡고 매달리기→어부바 매달리기, 버티기→껴안고 압박 데굴데굴(천천히, 빠르게)→비행기→손 위에 서서 중심 잡기→손바닥 위에서 앉았다 일어나기→윗몸 일으키기→김밥 말이→김밥 압박 누르기→셀프 김밥 말이→(서비스 김밥 풀기)→햄버거 빠져나오기

• 비접촉 상호 작용 몸놀이(5분)

 - 무거운 공: 던지기, 받기, 굴리기, 옮기기

 - 짐볼: 던지기, 받기, 굴리기, 옮기기

 - 무거운 물체: 끌기, 들기, 밀기

• 언어 자극 상호 작용 모방 행동(10분)

 - 언어 자극 주며 동물 흉내 내기(모방 행동)

 - "예쁘다(머리 쓰담)", "잘했어(등 터치)", "최고야(엄지 척)"라고 언어 자극 주며 스킨십하기

 - 눈 맞춤 하며 상호 작용 놀이: 서로 정전기 해 주기, 에너지 주고받기, 서로 마사지 해 주기, 웃긴 표정과 목소리로 웃겨 주기, 뽀뽀, 토닥토닥 안아 주기

무조건 져 주는 건 금물!
번갈아 가며 놀이하자

몸놀이는 상호 작용을 위한 것입니다. 상호 작용은 일방통행이 아닙니다. 상호 작용은 균형 있게 오고 가야 합니다. 비행기 태우기를 매번 엄마 아빠가 해 주었다면 이제 아이에게 태워 달라고 해 보세요. 자세가 금세 무너질 수도 있지만, 그래도 한번 해 보세요. 아이에게 엄마 아빠가 했던 역할의 기회를 주는 것은 그만큼 아이의 능력을 신뢰한다는 뜻입니다. 아이에게 신뢰를 보여 주세요. 아이와 자주 하던 몸놀이가 새롭게 느껴질 것입니다.

살다 보면 타인과 갈등이 생기고 싸움도 일어납니다. 그토록 사랑하는 사람과 결혼해도 살다 보면 서로 싸우게 되고, 가장 친한 친구와도 함께 지내다 보면 오해가 생겨 다툴 수 있습니다. 이런

느리고 서툰 아이 몸놀이가 정답이다

대인 관계를 어떻게 건강하게 유지할 수 있을까요? 한쪽에서 일방적으로 봐 주고, 들어 주고, 이해해 주면 될까요? 한쪽만 계속 희생하고 매번 져 주는 관계는 절대 오래가지 못합니다. 아이와 부모 사이도 마찬가지입니다. 아이에게 매번 져 주지 마세요. 아이의 요구를 쉽게 다 들어 주지 마세요. 무조건 아이 위주로 희생하지 마세요. 그런 관계는 건강해질 수 없을뿐더러 무엇보다 아이에게 좋지 않습니다. 사고력과 자기 조절력에 문제가 생길 수도 있습니다.

아이에게 져 주고, 희생하고, 다 받아들이면 부모는 아이에게 너무 쉬운 사람이 됩니다. 그러면 아이는 부모에게 집중하지 않습니다. 부모가 무슨 말을 하든, 어떤 표정이든 무관심합니다. 이름을 불러도 반응하지 않고, 같이 놀자고 해도 무심하게 지나갑니다. 계속 이기기만 하면 상대에게 매력을 느끼지 못하는 건 어른이나 아이나 매한가지입니다.

자폐 성향이 있는 아이는 타인에 대한 집중력이 약합니다. 타인에게 적극적인 반응을 보이지 않고 특히 늘 수용해 주는 천사 같은 엄마에게 잘 집중하지 않습니다. 아이에게는 다른 사람이 눈에 안 보이는 유령처럼 여겨질 수도 있습니다. 사람에 대한 인식이 약하기 때문에 아이에게 부모가 강하게, 커다랗게 인식되게 해 주어야 합니다. 그래서 아이가 엄마 아빠에게 적절한 긴장감을 느낄 수 있는 상호 작용이 활발한 몸놀이가 필요합니다.

매일 더 새롭게,
알차게 몸놀이 하는 법

자폐 성향이 있거나 발달이 느린 아이들은 새로운 것에 무관심하고 낯선 것을 꺼립니다. 새로운 환경에 적응하는 것도 어려워합니다. 아이가 새로운 경험을 거부하면 '그래, 네가 하고 싶은 것만 해도 괜찮아'라고 생각하며 그냥 둬야 할까요? 아이에게 편안하고 익숙한 하루가 계속되면 반복되는 것을 추구하게 되고, 이것이 아이의 일상 패턴으로 굳어지게 됩니다. 새로운 것을 받아들이고 연결, 확장되는 건강한 발달의 기회는 점점 줄어들고, 발달은 더 늦어지는 악순환의 고리가 되는 것입니다.

제가 자주 강조하는 뇌 발달의 원리를 기억해 주세요. 아이는 새로운 것, 낯선 것, 다양한 것, 불편한 것, 어려운 것을 경험해야 건강하게 발달합니다. 그렇다면 아이가 매일 새로운 곳에 가고 매일 다양한 프로그램에 참여해야 할까요? 부모는 매번 새로운 촉감 놀이를 준비하고 새로운 체험을 할 수 있는 장소를 수없이 찾아야 할까요? 그래야 한다면 우리는 금방 지쳐 버릴 것입니다. 이런 수고를 들이지 않고도 매일 반복하는 몸놀이, 비슷하게 흘러가는 일상이 매일 새로워지는 방법이 있습니다. 매우 쉽고, 돈도 안 들고, 힘도 덜 듭니다. 그 방법의 키워드는 바로 '사람'입니다. 똑같은 몸놀이라 하더라도 누구와 함께 하느냐에 따라, 상대방의 감정과 반응에 따라 그 상황이 수십, 수백 가지로 다양해집니다. 그래서 매일 똑같은 것 같아도 아이와 부모의 상황과 감정에 따라 매일 조금씩 달라질 수밖에 없는 것이 몸놀이입니다.

오늘은 무엇을 할까 오래 고민하지 말고 일단 몸놀이를 해 보세요. 아이에게 충분히 새로운 경험이 됩니다. 이모, 삼촌, 친구들을 집에 초대해서 함께 몸놀이를 해 보세요. 매일 반복되는 일상도 함께 하는 사람이 달라지면 새로운 일이 됩니다. 다양한 사람과 상호작용하는 경험은 아이의 발달을 몇 배로 확장시켜 줍니다. 공동육아가 좋고, 대가족 문화가 유익하고, 제가 아이들과 대그룹으로 활동하는 이유가 여기에 있습니다.

결국 아이의 뇌 발달에 가장 중요한 것은 '사람과의 소통'입니다. 아이의 하루를 다양한 사람과 함께 더 새롭게, 흥미롭게, 다채롭게 채워 보세요. 아이는 어제보다 오늘 더, 오늘보다 내일 더 쑥쑥 성장할 것입니다.

몸놀이의 핵심은
'연결'

아이와 몸놀이할 때 각자 움직이는 것보다 아이와 신체를 접촉하며 함께 움직이면 더 재미있습니다. 더 많은 감각 경험을 하기 때문입니다. 신체를 접촉하고 있으면 상대방의 힘과 움직임이 느껴지고, 내 몸과 상대방의 몸에 집중하게 되어 더 적극적이고 폭넓은 감각 정보가 뇌에 전달됩니다. 저는 신체 접촉을 '연결한다'라고 표현합니다. 몸놀이의 핵심은 아이와 부모의 몸을 적극적으로 연결하는 것입니다. 평소에 각자 움직이는 몸놀이를 자주 했었다면, 방법을 조금 바꿔 이렇게 해 보세요.

아이를 이불 위에 눕히고 돌돌 마는 '김밥 놀이'를 할 때 아이 몸만 싸는 게 아니라 아빠의 몸도 같이 싸서 초대형 김밥 놀이를 해

느리고 서툰 아이 몸놀이가 정답이다

보세요. 엄마는 아이의 손을 잡고 스트레칭, 요가, 체조를 해 보세요. 그럼 아이의 손도 알아서 움직여집니다. 아이와 다리를 연결해 보는 것도 좋습니다. 집에 있는 동안 계속 아이와 같이 움직이고 이동해 보세요. 아이의 동선을 알면 아이의 관심사와 집 안에서의 의식 패턴을 이해하게 됩니다. 허리를 연결해서 온몸으로 서로의 힘을 느끼고, 움직임을 알아가 보세요. 팔과 팔을 연결해서 이동해 보고, 마주 누워서 몸을 연결해서 옆으로 굴러 보세요.

이렇게 서로의 몸을 연결해서 움직이면 상대방의 힘을 적극적으로 경험하게 됩니다. 아이는 움직이려는 방향과 다른 쪽의 힘이 있으면 움직일 때 더 집중하고 상대방의 힘을 느끼면 자발적으로 힘을 더 많이 씁니다. 이렇게 접촉을 통해서 상대방의 움직임을 경험하면 자연스럽게 모방이 일어나고, 행동이 다양해집니다.

때론 아이와 적극적으로 몸을 맞대며 하는 몸놀이가 힘들고 귀찮을 수 있습니다. 그러나 부모와 아이의 몸이 맞닿을 때 서로를 더 깊이 알게 됩니다. 감각이 통합된 부모의 몸을 통해 아이의 감각도 통합되고, 부모와 상호 작용하며 아이의 언어 능력도 향상됩니다. 부모의 몸놀림을 보며 아이의 신체 인식이 더 건강해지고, 부모의 사회성을 통해 아이의 또래 관계도 더 끈끈해집니다. 부모의 두뇌력을 통해 아이의 인지 발달 또한 더 촉진될 것입니다.

이불 그네, 이불 썰매는
진짜 몸놀이가 아니다

몸놀이의 기본은 '접촉'입니다. 아이와 부모의 몸이 접촉해야 합니다. 좋은 몸놀이는 상대방과 접촉이 있고 상대방의 힘이 느껴지는 놀이입니다. 이불 썰매는 아이들이 가장 좋아하는 놀이 중에 하나지만 엄밀히 말하면 몸과 몸이 접촉하는 몸놀이는 아닙니다. 이불 그네, 이불 썰매 놀이는 가끔 이벤트로 하고 신체 접촉이 많은 몸놀이를 매일 해 주어야 합니다. 저도 가끔 수업에서 이불 썰매 놀이를 할 때가 있지만 썰매를 타는 것보다 친구들을 태우고 끌면서 힘을 쓰게 하고 사회적 경험을 높이기 위한 목적으로 진행합니다.

제가 만났던 한 아이는 움직임이 매우 적고 몸이 둔했는데 아이의 부모님이 상담에서 이렇게 물었습니다.

"저희 아이는 몸놀이를 좋아해서 매일매일 몸놀이를 해 주는데 왜 이렇게 몸 쓰는 게 좋아지지 않을까요?" 제가 반문했습니다. "집에서 주로 어떤 몸놀이를 해 주시나요?" 어머님이 말씀하셨습니다. "매번 이불 썰매만 해 달라고 해서 이불 썰매 놀이를 매일 해 주고 있어요. 매일 이불 썰매 놀이를 해 주려니 손목이 나갈 것 같아요."

이 아이는 시각 추구가 있고 신체 인식이 둔감한 아이였습니다. 이불 썰매가 아닌 다른 몸놀이를 경험시켜 줘야 했던 것입니다. 아이가 왜 이불 썰매 놀이를 그렇게 좋아했는지 머릿속이 번쩍했습니다. 가만히 앉아 있기만 하면 되는 이불 썰매 놀이는 아이가 몸을 많이 쓸 필요도 없고, 다양한 감각 경험을 할 수도 없습니다. 이런 경우 서서 균형 잡고 타기, 뒤로 타기, 무릎 세워서 타기 등의 방법으로 조금 변형해 주는 것이 좋습니다.

앉아서 편하게 이불 썰매를 타는 것은 유모차나 자동차, 에스컬레이터를 타는 것과 비슷합니다. 몸을 움직이지 않고 시선만 바뀌니 시각 위주의 자극을 경험하게 됩니다. 아이가 이불 썰매를 가장 좋아한다면 아이가 부모나 친구, 동생을 태워 주는 방법으로 놀이해 보세요. 훨씬 유익한 시간을 보낼 수 있습니다.

아빠와의 몸놀이 :
힘은 세게, 공간은 넓게

아이들은 아빠와 노는 것을 참 좋아합니다. 아빠는 엄마보다 힘이 세고 공간을 넓게 사용하며 놀기 때문입니다. 이런 아빠와의 몸놀이는 아이 몸에 훨씬 풍성한 감각 자극을 줍니다. 아이는 속도감, 위치감, 무게감, 중력감 등을 느끼며 재밌어합니다. 아빠가 아이와 놀아줄 때 다음과 같이 힘이 느껴지는 몸놀이 위주로 해 보세요.

① 넘어뜨리기 놀이

안전한 매트 위에서 레슬링, 씨름, 앞 구르기, 옆 구르기 등을 하

느리고 서툰 아이 몸놀이가 정답이다

며 아이를 계속 넘어뜨려 보세요. 아이의 고유수용성 감각, 균형 감각, 신체 조절 능력이 향상됩니다. 아이와 함께 넓은 공간에서 같이 뛰고 구르며 역동적인 몸놀이를 해 보세요.

② 권투 놀이

고개를 숙이고 팔을 야무지게 구부린 다음 입으로 '취~ 취~' 소리를 내 주세요. 그리고 가능하다면 마우스피스를 낀 것처럼 윗입술을 위로 치켜올려 아이에게 재밌는 표정을 보여 주세요. 아이의 흥미를 높여 주고, 감정 조절과 공감 능력을 향상시켜 줍니다. 몸을 움직이면서 팔을 쭉 뻗어 아이의 팔뚝에 툭툭 펀치를 날리고 등에도 라이트, 레프트 펀치를 맛보게 해 주세요. 그렇게 하다가 공격 주체를 바꿔 아이가 아빠의 팔뚝이나 배에 펀치를 날리게 해 주세요. 아이가 제대로 펀치를 날리면 입은 크게, 눈은 번쩍 뜨고 '으아아~' 하면서 조금 과장된 표정으로 쓰러지면 됩니다. 그리고 기절한 척해서 아이의 반응을 살펴보세요. 혹시 아이가 아무런 반응을 보이지 않아도 절대 상심하지 말고 여러 번 권투 놀이를 해 보세요.

엄마와의 몸놀이 :
쫑알쫑알 언어 자극

아빠와의 몸놀이가 힘, 넓은 공간 사용에 강점이 있다면 엄마와의 몸놀이에는 '언어 자극'이라는 강점이 있습니다. 엄마와 아이가 몸놀이 할 때, 몸을 접촉하며 눈을 맞출 때 이렇게 대화해 보세요. 몸의 움직임에 '소리'를 입혀 주고 신체 부위에서 느껴지는 것에 '이름'을 만들어 주는 것입니다.

- (아이 눈을 보고 눈 주변을 만지면서) "우리 ○○이 눈은 동글동글하고, 눈빛은 반짝반짝 빛나는 구슬 같네. 눈동자는 새까맣고, 사슴 눈망울처럼 똘망똘망해."
- (아이의 코를 만지면서) "엇! 여기 산이 있네? 여기 깜깜한 두 개의 구멍은

뭐지? 산속에 터널이 있는 건가? 어디 한번 터널을 닫아 볼까? 터널 속이 어떤지 손가락을 넣어 보자. 에이~ 너무 작아서 안 들어가네."

- (아이의 배를 마사지하듯 만지면서) "찐빵처럼 말랑말랑하다. 와~ 부들부들 정말 부드러워. 엇! 이 안에 뭐가 있는 것 같은데? 여기는 좀 단단하고, 여기는 좀 꿀렁꿀렁해."

- (아이의 엉덩이를 함께 움직여 주면서) "몽실몽실 엉덩이가 흔들흔들 춤을 추네. 이리저리 왔다 갔다 씰룩씰룩 아이~ 귀여워!"

- (아이에게 비행기를 태워 주면서) "몸이 부웅~ 하고 떴네! 진짜 나는 것 같다. 와~ 난다~ 신난다!"

이렇게 '몸'을 주제로 대화하다 보면 다양한 감탄사와 형용사를 사용하게 되고 아이와 신체를 맞대며 말소리, 감각, 감정, 생각, 마음이 다발적으로 연결되어 건강한 언어 발달이 촉진됩니다. 단, 말보다 몸의 접촉이 먼저입니다. 말소리보다 몸을 만지는 힘이 더 커야 합니다. 신체 접촉이 눈으로 볼 수 없고 그림으로 나타낼 수 없는 말의 느낌을 몸으로 전달해 주기 때문입니다. 신체 접촉이 상대방의 흥미, 호기심, 관심, 감정 등을 말소리와 연결해 주기 때문입니다. 이렇게 몸놀이는 아이의 언어 발달을 돕는 가장 효과적인 언어 자극, 언어 놀이가 됩니다.

"이야~!"
"헉!"

"으라차차"

"뜨악~"

"으쌰~"

"와~ 와우~"

"휴~"

아이와 몸놀이 할 때 자연스럽게 내는 소리들입니다. 몸놀이 하는 부모님들의 상태와 기분을 이만큼 잘 전달하는 언어가 또 있을까요? 아이들은 이런 고차원적 언어를 몸놀이와 접촉을 통해 알아가게 됩니다. 아이와 몸을 접촉하거나 몸놀이를 할 때 몸에서 느껴지는 것을 소리로 전달해 주세요. 몸놀이를 할 때만큼은 시끄럽게 몸의 느낌을 외쳐 주세요. 설명하거나 가르치는 것이 아니라 느끼고 공유하는 것입니다. 질문하고 대답을 강요하는 게 아니라 흥미를 유도하고 함께 나누는 것입니다.

오늘 하루, 우리 아이의 몸은 어떤 다양한 모습과 멋진 능력을 보여 줬는지 아이와 함께 느끼고 나눠 주세요.

아이의 성장에 필요한
엄마의 무기

아이와 가장 많은 시간을 보내는 사람, 아이가 가장 좋아하는 사람, 아이가 가장 신뢰하는 사람, 아이가 가장 함께하고픈 사람은 누굴까요? 바로 엄마입니다. 아이 치료의 열쇠를 쥐고 있는 사람, 아이의 자존감 향상에 디딤돌이 되어 주는 사람, 아이에게 긍정적 자극을 무한히 주는 사람, 아이의 첫 번째 친구가 되어 주는 사람 역시 엄마입니다.

이 세상의 모든 엄마는 엄마란 무엇인지, 엄마의 역할은 무엇인지, 어떤 엄마가 좋은 엄마인지, 엄마는 어떤 말을 해야 하는지 처음부터 다 알지 못했습니다. 사랑하다 보니 아이의 엄마가 되어 있었고, 아이를 사랑하는 마음으로 지금까지 엄마로 살아 왔을 것입니다. 특히나 발달이 늦고 자폐 성향이 있는 아이의 엄마라면 어떻게 해야 할지 몰라 막막한 심정일 것입니다.

아이의 발달과 성장을 위해서 엄마에게 필요한 도구와 무기들이 있습니다. 이 도구와 무기들을 잘 갖추면 아이의 성장뿐만 아니라 해로운 것으로부터 우리 아이를 잘 보호할 수 있습니다. 이제까지 부드럽고 온화한 성격으로 살아 왔다면 단호하고 강한 모습으로 변해야 합니다. 눈에는 레이저를 장착해야 하고, 복부에는 단단한 근육이 있어야 합니다. 얇고 매끄러운 팔뚝에서 단단하고 두툼한 팔뚝으로 변신해야 하고, 하늘거리는 치마와 블라우스 대신 청바지와 편한 티셔츠를 입어야 합니다. 특히 자폐 성향, 발달장애 아이를 키우는 부모에게 꼭 필요한 비장의 무기는 바로 우렁찬 목소리, 굽히지 않는 뚝심, 아이와 놀아 줄 힘찬 몸놀림입니다.

아이에게 크게 말하고, 큰 소리로 아이와 함께 떠들어 주세요. 이것만큼 좋은 언어 치료가 없습니다. 크게 떠들고 크게 소통하면 우리 아이의 언어 그릇은 더욱 커집니다. 그리고 마음을 단단히 하여 어느 상황에서도 믿음을 굽히지 마세요. '내 아이는 앞으로 좋아질 것이고, 누가 뭐래도 계속 성장할 것이다'라고 믿는 뚝심은 필수입니다. 어떤 상황에서도 꼭 지켜 내야 합니다. 그 단단한 신뢰의 마음을 발판 삼아 우리 아이들이 힘차게 날아오를 것입니다. 아이와 몸을 힘차게 부대끼고, 움직이며 놀 수 있게 근력 운동을 하고 그 힘을 아이에게 쓰세요. 조금 세다 싶을 정도로 꽉 주무르고, 꾹 누르고, 툭툭 두드리고, 사랑하는 마음 전부를 담아 꽉 안아 주세요. 아이가 좋아지길 바라는 마음만큼 강하게 아이 몸을 만져 주세요.

자폐 성향은 약한 자극으로는 그 성향에서 빠져나오기 어렵습니다. 엄마가 부르면 살짝 긴장도 하고, 약간의 스트레스도 느끼고, 분위기 파악하려고 눈치도 보는 게 당연한 겁니다. 아이를 사랑하는 엄마의 모습은 강하고 단호해야 합니다. 그래야 아이는 세상에 나가 이길 힘을 가지게 됩니다. 우리 아이의 관심을 빼앗는 자극적인 것들이 가득한 세상입니다. 우리는 이것들로부터 필사적으로 아이를 보호해야 합니다. 그래서 부모는, 특히 엄마는 더욱 강해져야 합니다. 자폐 성향, 발달장애를 겪는 모든 아이와 엄마가 강해지기를, 아이의 치료와 성장이 결실을 맺기를 응원합니다.

자연스러운 눈 맞춤으로
아이와 소통하기

아이의 눈에서는 달달한 꿀이 떨어지기도 하고, 매서운 레이저 눈빛이 발사되기도 합니다. 이글이글 활활 타오르기도 하고, 차갑고 냉랭한 기운이 나오기도 합니다. 아이의 눈빛은 출력 기관입니다. 아이가 생각하고, 느끼고, 경험한 것들이 눈빛을 통해서 나옵니다. 그런데 자폐 성향이 있는 아이들은 눈을 입력 기관으로만 사용합니다. 눈에 보이는 것들을 계속 보기 위해서 눈이 바쁩니다. 그래서 눈빛이 다양하지 않고, 시선이 길지 않습니다. 보이는 것들만 수동적으로 받아들이기 때문입니다.

아이는 감정을 눈빛으로 출력할 수 있어야 합니다. 자신의 감정과 욕구를 눈빛으로 폭포수처럼 쏟아 내며 폭넓고 다양한 상호 작용을 할 수 있어야 합니다. 이를 위해 다음과 같은 놀이를 해 보세요.

- 아이 머리 만져 주기
- 아이의 이마나 눈 주변을 톡톡 마사지하듯 두드리거나 꾹꾹 눌러 주기
- 아이 눈앞에서 박수 치기
- 아이 눈과 이마 쪽으로 바람 불어서 주의 환기하기
- 아이 눈과 얼굴을 위에서 아래로 쓸어내리듯이 접촉하기
- 코 잡고 맹꽁 놀이
- 마주 보고 귀 잡고 도리도리
- 아이의 양 볼 잡고 어루만지기
- 아이에게 립스틱 발라 달라고 하기
- 엄마 얼굴에 스티커 붙이고 아이에게 떼어 달라고 하기
- 가면 만들어 함께 써 보기

자폐 성향적 특성 중 시각 추구는 가장 전형적인 특성으로 대부분의 자폐 아동들에게서 볼 수 있습니다. 아이가 몸놀이 하는 동안 시선이 자꾸 왔다 갔다 하고, 눈을 자꾸 위로 치켜들면서 몸놀이에 잘 집중하지 못할 때는 시야가 차단되는 텐트 안에서 몸놀이 하거나 깜깜하게 불을 다 끄고 하는 것이 도움이 됩니다. 어두운 상태에서 몸놀이를 하면 아이의 집중력이 높아지고 시각이 아닌 다른 감각을 더 쓰게 됩니다. 어두운 상태에서 아이와 이런 놀이를 해

보세요.

- "엄마 눈 어디 있게?" 하며 신체 부위 찾는 놀이
- "엄마 손가락이 몇 개일까?" 손으로 만지면서 엄마 손가락 개수 맞히기
- "이건 뭐지?" 하면서 아이 신체 부위 간질간질 만지기

여러 가지 몸놀이 중에 유독 아이가 눈을 잘 마주치는 몸놀이가 있으면 그 몸놀이 시간을 더 늘리면 됩니다.

"엄마 눈 좀 봐. 여기 쳐다봐야지. 어딜 봐~ 엄마 눈을 보라고!"

아이와 몸놀이 할 때 계속 이렇게 말로 지시하듯이 눈 맞춤을 강제하면 어떻게 될까요? 아이는 부모와 눈 맞추기가 싫어지고, 부모의 말이 잔소리처럼 들릴 것입니다. 마치 심부름 시키듯이, 자기전에 양치질 시키듯이 눈 맞춤하는 건 적절하지 않습니다. 눈을 마주치며 소통하고 함께 즐거워하며 상호 작용하는 시간을 가지면 됩니다.

이런 경우도 좋지 않습니다. 아이가 엄마 눈을 쳐다봤는데 엄마는 무표정한 얼굴을 하고는 속으로 이렇게 생각합니다.

"아이가 내 눈을 잘 보네. 몇 초 동안 눈 맞춤 하는지 세어 봐야 겠다. 1, 2, 3…… 아직 5초 이상은 눈 맞춤이 되지 않는구나."

느리고 서툰 아이 몸놀이가 정답이다

이렇게 눈 맞춤을 할 때 아이를 평가하는 것은 좋지 않습니다. 눈 맞춤은 소통하는 것이자 감정과 생각을 충분히 나누고 상호 작용하는 시간입니다. 그러니 즐기셔야 합니다. 기쁘고 즐겁게, 눈빛만으로도 통하는 부모와 아이만의 그 행복을 만끽하세요.

찐한 눈 맞춤
몸놀이

지금까지 아이와 몸을 적극적으로 움직이는 몸놀이를 주로 소개했습니다. 이번에는 아이와 눈 맞춤하며 할 수 있는 몸놀이를 소개해 보겠습니다.

① 눈 크게 뜨고 마주 보기

눈을 부엉이처럼 동그랗게 부릅뜨고 토끼처럼 놀란 표정으로 아이를 바라보세요. 말은 너무 많이 건네지 않되 리액션은 최대한 과장해서 눈의 흰자가 보일 정도로 크게 떠 보세요. 그렇게 눈을 부

느리고 서툰 아이 몸놀이가 정답이다

릅뜨고 아이가 부모의 눈을 볼 수 있게 합니다. 그러면서 점점 얼굴을 가까이하다가 뽀뽀도 하고, 박치기도 하고, 얼굴도 쓰다듬어 주세요.

"어홍~ 난 사자다! 입도 크고 눈도 크지. 우리 딸이 어딨는지 눈을 크게 떠서 찾아봐야겠다! 어딨지? 어홍!"

이렇게 동물 소리를 내면서 눈을 부릅떠도 재밌습니다.

② 눈웃음 짓기

아이는 상대방이 자신을 보고 웃어 주면 자신감이 생기고 상호 작용하고 싶은 의욕이 높아집니다. 특히 부모의 미소와 웃음은 아이에게 큰 용기를 줍니다. 부모의 웃는 얼굴은 아이가 매일 새롭게 만나는 이 세상을 재밌고 행복하게 느끼도록 해 줍니다.

이와 관련된 재밌는 실험 하나를 소개하겠습니다. '시각 절벽 실험Visual Cliff Experiment(영아의 깊이 지각에 관한 실험)'은 아직 돌도 되지 않은, 엉금엉금 기어 다니는 아이들을 대상으로 한 실험입니다. 시각 절벽(깊은 부분과 얕은 부분을 만들어 놓고 그 위에 투명 유리를 깔아 놓은 것)을 사이에 두고 엄마와 아이가 앉아 있고, 엄마가 아기를 불렀을 때 아기가 건너올 수 있는지 아닌지를 살펴보는 실험입니다. 엄마가 웃으면서 아기를 부르자 아기는 시각 절벽 앞에서 잠깐 멈칫했지만, 곧 엄마를 보며 용기 있게 끝까지 기어갔습니다. 반대로 엄마가 무표정이다 못해 화가 난 표정으로 아기를 불렀습니다. 아기는 어떤 모습을 보였을까요? 아기는 시각 절벽을 지나가지 못하고 그 앞에서 울면서 주저앉았습니다. 엄마의 표정만 달랐을 뿐인데 아기의 행동은 큰 차이를 보였습니다.

아이를 보고 웃어 주세요. 아이의 눈은 더 웃는 얼굴을 향합니다. 늘 잘 웃어 주는 편이라면 가끔은 눈을 부릅뜨고 단호한 표정을 지어 보세요. 무엇이든지 적절히, 다양하게 경험하는 것이 중요합니다.

③ 윙크하기, 째려보기, 노려보기

눈으로 다양한 표정을 지어 보고, 아이도 그 표정을 따라 하게 해 보세요. 째려보고 노려보는 것은 그에 맞는 감정을 느낄 때 자연스럽게 하게 됩니다. 가끔은 속상한 일, 질투 나는 일, 화 나는 일, 하기 싫은데 해야 하는 일, 짜증 나는 일 등을 경험할 수 있게 도와주세요. 그럼 아이의 눈빛이 매우 다양하다 못해 이글이글 끓어오르고, 무시무시해질 것입니다.

④ 까꿍 놀이, 숨바꼭질 놀이

눈을 가렸다 떼는 까꿍 놀이나 눈을 가린 뒤에 숨바꼭질 놀이를
해도 좋습니다. 아이는 눈을 가려서 보이지 않는 동안 어떤 일이
벌어질지 기대하며 놀이에 흥미와 재미를 느끼게 됩니다.

피곤한 날에는
게으르게 놀아 주자

아이와 몸으로 놀아 주는 것은 생각보다 쉽지 않습니다. 어쩌다 하루도 아니고 매일 아이와 몸놀이 하는 것이 버겁게 느껴질 수 있습니다. 특히 맞벌이 부모나 고연령의 부모라면 더욱 그럴 것입니다. 저도 출산 후 한 달 만에 복직한 워킹맘입니다. 딸이 태어나고 12개월까지는 근무 시간을 조절하며 육아와 일을 병행했고, 지금까지 바쁘고 분주하게 시간을 보내고 있습니다.

  워킹맘으로서 아이와 더 많은 시간을 함께하지 못해 미안한 마음이 크지만 딱 하나, 자랑스럽게 이야기할 수 있는 것이 있습니다. 저는 딸아이가 36개월이 될 때까지 거의 매일 두 시간씩 몸놀이를 해 주었습니다. 일이 끝나고 집에 오면 많이 피곤했지만, 아이와 보내는 시간을 양보할 수는 없었습니다. 그래서 저는 누워서 뒹굴거리는 몸놀이를 참 많이 해 주었습니다. 안방 침대에서 한두 시간을 함께 구르고 웃으며 행복한 시간을 보냈습니다. 딸은 올해 열 살이 되었는데, 지금도 몸놀이를 굉장히 좋아합니다.

하루 종일 일에 치인 부모는 집에 오면 쉬고 싶습니다. 특히 몸이 안 좋거나 피곤한 날이면 아무것도 하기 싫고, 편하게 누워 있고 싶은 것이 당연합니다. 이런 날은 충분히 쉬고 뒹굴뒹굴하세요. 단, 아이와 함께 하면 됩니다. 아이가 멀리 가지 않게 작은 방이나 좁은 텐트에서 함께 뒹굴뒹굴하면 더욱 좋습니다. 피곤한 날, 살짝 게으르게 할 수 있는 몸놀이 몇 가지를 소개해 보겠습니다.

① 발가락 꾹꾹이

아빠들에게는 아마 익숙한 놀이일 발가락 꾹꾹이는 가장 간단하게 할 수 있는 몸놀이입니다. 누운 상태에서 발가락에 힘을 줘서 아이의 몸 여기저기를 꾹꾹 눌러 주면 됩니다. 발가락을 사용해서 허벅지, 겨드랑이, 배꼽 주변을 마사지하듯이 접촉해 주세요. 팔꿈치를 사용해서 아이의 등을 툭툭 건드리거나 허벅지를 꾹꾹 눌러도 좋습니다.

아이들은 반듯하게 모범적으로 놀아 주는 상대보다 짓궂고, 재밌고, 웃기는 상대를 더 좋아합니다. 아이와 놀아 줄 때는 아이에게 눈높이를 맞추는 게 좋습니다. 손으로 해 주던 꾹꾹이를 발로 해 주면 아이는 낯설어하고, 신기해하고, 이상해하며 흥미를 가질 것입니다.

② 아이와 같이 누워 구르기

저희 식구가 요즘도 자주 하는 놀이가 있습니다. 아직 어린 막내를 제외한 세 식구가 침대에 나란히 누운 다음 맨 끝에 있는 사람이 누워 있는 사람의 몸 위를 구르기 시작합니다. 다 구르고 나면 반대편 끝에 눕고 그다음 사람이 다른 식구들의 몸 위를 구릅니다. 이것을 여러 번 반복합니다. 제일 무거운 아빠가 구를 때는 저도 제 딸도 '억~' 하는 소리가 나지만 매번 행복한 놀이 시간입니다.

익숙한 앞 방향보다 뒤나 옆, 아래로 움직이는 몸놀이가 좋습니다. 아이를 안고 누워서 옆으로 굴러 보세요. 아낌없이 체중을 실어서 아이 몸에 데굴데굴 굴러 보세요. 아이에게 커다란 감각 자극을 주는 시간이 될 것입니다.

③ 탈출 놀이

우리는 신체 일부가 어딘가에 붙들리거나 통제되면 빠져나오기

느리고 서툰 아이 몸놀이가 정답이다

위해 적극적으로 생각하고 몸을 쓰려는 시도를 합니다. 이때 불편한 신체 부위를 살피며 눈과 신체 부위의 협응이 일어나고, 뇌의 신체 지도 형성에 도움을 줍니다.

아이에게 이런 경험을 제공하는 방법은 간단합니다. 빠져나가려는 아이의 발목을 잡고 1~2분 정도 있는 것입니다. 이때 아이는 앉거나 누운 자세여야 합니다. 너무 심하게 저항하는 아이가 아니면 손목과 손목 윗부분을 잡고 반응을 살펴도 좋습니다. 아이는 자신의 다른 쪽 팔이나 다리를 사용해서 부모의 손을 빼려고 시도할 것이고, 부모에게 손을 빼 달라고 말도 할 것입니다. 그러면서 부모의 얼굴이나 눈을 쳐다보고 빠져나오려고 더 힘을 쓸 것입니다. 이 과정에서 관절이 늘어나는 감각 경험을 하게 되고, 뼈와 마디가 더 튼튼해집니다.

이것을 게임으로도 활용할 수 있습니다. 일명 '탈출 놀이'입니다. 아이가 붙잡힌 발목과 손목을 풀 수 있게 맥가이버처럼 부모 손가락을 하나씩 떼어 내게 합니다. 쉽고 단순하지만 여러 효과를 볼 수 있는 몸놀이입니다.

택배 상자, 바구니, 텐트를
활용한 몸놀이

아이는 몸놀이를 하며 자신의 몸과 몸의 위치, 공간을 적극적으로 파악합니다. 어떤 공간에 자신의 몸이 들어갈 수 있는지 없는지 가늠해 보며 적극적이고 건강하게 사고하는 시간입니다. 이를 통해 신체 인지 능력은 물론이고 몸의 크기나 높이 등을 인지하는 능력 또한 향상됩니다.

유태인이 어릴 때 가장 많이 하는 놀이가 숨바꼭질이라고 합니다. 아이와 숨바꼭질을 하며 아이 몸이 간신히 들어갈 만한 좁은 공간에 들어가게 해 보세요. 이 과정을 통해 대상 영속성^{對象永續性} 즉, 눈에 보이지 않아도 어딘가에 가려져 있거나 숨겨져 있을 수 있음을 알게 됩니다. 또한 지금 당장 부모가 눈에 보이지 않아도 다시 올 거라고 이해하게 됩니다. 숨바꼭질은 자기 몸 중심으로 다양한 감각에 집중하게 하는 매우 좋은 놀이입니다. 그렇기 때문에 자폐 성향적 시각 추구가 있는 아이들에게 더더욱 필요한 놀이입니다.

집에 오는 택배 상자를 이용해 아이와 함께 놀아 보세요. 택배 상자는 색깔이 자극적이지 않아서 놀잇감으로 괜찮습니다. 작은 상자는 모자나 신발처럼 사용하고, 큰 상자는 아이가 그 속에 들어가서 숨거나 터널처럼 만들어 통과하게 해 보세요. 아이가 굉장히 재밌어합니다. 큰 상자에 무거운 것들을 담고 아이가 힘을 써서 밀어 보게 하는 것도 좋습니다.

작은 텐트를 사용해도 좋습니다. 텐트에 들어가서 특별히 뭔가를 할 필요는 없습니다. 좁은 공간에 같이 있으면서 서로를 인식하고 집중하여 접촉할 기회를 높여 주면 됩니다. 아이가 텐트에 들어가서 15~20분 정도 혼자 기다리게 해 보세요. 나가고 싶어도 조금 참고, 나갈 수 있을 때까지 기다리는 연습을 하는 것입니다. 힘들어도 참고 기다리는 훈련이 아이들의 조절 능력에 큰 도움이 됩니다.

몸놀이의 꽃은
'Dance'

한번은 아이들에게 어깨 웨이브 춤을 춰서 보여 줬는데, 아이들이 달려들어서 너도나도 춤을 추는 모습에 너무나 행복했습니다. 이렇게 함께 몸을 움직이는 것은 가장 즐거운 상호 작용이자 가장 효과적으로 감정을 공유하는 소통입니다.

익숙한 곳으로만 반복적으로 움직이는 아이, 움직임의 폭과 반경이 좁은 아이, 움직임의 지속 시간이 짧은 아이, 움직임에 사용하는 힘이 약한 아이, 단순하고 반복적인 움직임만 하는 아이 등 자신의 몸을 제한적으로, 소극적으로 사용하는 아이들이 많습니다. 이렇게 되면 몸의 움직임을 통한 뇌 발달이 지연될 수밖에 없습니다. 부모님들은 아이의 뇌 발달을 위해 아이의 몸을 잡거나 몸

느리고 서툰 아이 몸놀이가 정답이다

을 접촉한 상태에서 같이 움직이는 몸놀이를 자주 해 주는 것이 좋습니다.

몸놀이는 감각 발달뿐만 아니라 사회성 발달, 언어 발달, 인지 발달 등 모든 영역의 발달을 도와줍니다. 아이는 몸놀이를 하면서 상대방의 움직임을 더 잘 이해하고 힘을 어디에 어떻게 주어야 하는지, 관절 어디를 어떻게 움직여야 하는지 알아 갑니다. 자주 사용하지 않던 근육과 관절을 사용하며 신체에 대한 이해도 폭넓어집니다. 자신의 신체에 대한 이해가 커지면 다른 사람의 움직임에도 더 관심을 갖게 됩니다. 친구들이 신나게 잡기 놀이를 하면 같이 하고 싶어합니다. 친구와 같이 움직이다 보면 친밀감이 생기고, 다른 아이와도 스스럼 없이 놀 수 있게 됩니다.

아이와 신나게 할 수 있는 몸놀이로 '춤'을 추천합니다. 음악이 없어도 괜찮습니다. 각자 추는 것도 좋지만 아이와 몸을 접촉한 상태에서 추는 게 좋습니다. 아이의 손을 잡고 오른쪽, 왼쪽, 위, 아래로 함께 흔들거나 왕과 왕비처럼 서로 마주 보고 손을 맞대며 왈츠를 춰 보세요. 아이의 허리와 엉덩이를 잡고 같이 마구 흔들거나 서로의 손을 아낌없이 마주치며 손뼉치기하듯이 춤을 춰도 좋습니다. 몸과 몸을 접촉한 상태로 춤을 한참 추다가 마지막에는 서로 마주 보고 막춤을 춰 보세요. 저도 집에서 아이와 자주 어설프게 춤을 추곤 합니다. 아이와 행복하고 유쾌한 시간을 보내는 데 이만한 놀이가 없습니다. 아이와 함께 오늘 하루 신나게 춤을 춰 보는 것은 어떨까요?

아이가 몸놀이를
거부한다면?

아이는 자신의 몸에 새로운 감각이 느껴지면 '어 뭐지? 왜 이런 느낌이 드는 거지?'라는 생각을 합니다. 특히 감각 경험이 적었던 아이는 몸에 낯선 감각이 느껴지는 것을 싫어하거나 거부합니다. 그래서 울고 소리를 지를 수 있습니다.

신체 접촉에 의한 새로운 감각 경험을 거부하는 아이에게 지속적으로 신체 접촉 경험을 제공하면 아이는 감각을 느끼고 받아들이는 것에 익숙해집니다. 신체 접촉 경험이 늘어나면 오히려 가만히 있는 것보다 움직이는 걸 더 좋아하게 됩니다. 신체 접촉이 있는 놀이에 더 재미를 느끼고 몸의 감각을 알아 가는 데 흥미가 생깁니다. 몸을 어떻게 움직여야 하는지 알게 되면 접촉과 움직임에 대한 자신감이 생깁니다. 감각 발달과 감각 통합이 건강하게 이루어지는 것입니다.

이렇게 건강하게 몸을 쓰다가 다소 불편한 상황이 생기면 아이는 어떻게 반응할까요? '이건 뭐지? 왜 아프지? 등 쪽은 왜 불편한 걸까?'라고 생각합니다. 그리고 '이거 빠져나갈 수 있을 것 같은데? 이렇게 움직이면 될 것 같아'라고 생각하며 스스로 문제를 해결하려고 합니다. 불편하고 낯선 환경에 무작정 울음으로 반응하기보다는 능동적으로 생각하고 더 적극적으로 자신의 몸을 움직이며 건강하게 반응합니다.

아이가 몸놀이 한 뒤에
많이 피곤해한다면?

아이가 하루 종일 뛰어놀며 온몸의 다양한 감각을 경험하면 감각이 서로 연결되고 통합되어 몸의 대한 인식이 더욱 섬세해집니다. 몸에 힘을 주거나 힘을 써서 자신의 몸으로 할 수 있는 것들을 알게 되는 것입니다. 아이가 피곤해한다는 것은 온몸을 이용해서 에너지를 열정적으로 쏟아 냈고, 몸을 움직이며 뇌에 엄청난 정보를 제공했다는 것입니다. 또한 아이가 자신의 몸에서 주는 신호를 잘 알아차렸다는 것입니다. 감각 발달이 촉진되고, 체력이 더욱 좋아지고, 근력이 더 탄탄해지는 과정을 거치고 있는 것입니다. 우리가 근육 운동을 하면 처음 하루는 온몸이 무겁고 움직일 때마다 배가 땡깁니다. 그러면서 근육이 생기고 체력이 더 좋아집니다. 아이들

느리고 서툰 아이 몸놀이가 정답이다

도 마찬가지입니다. 오늘 피곤하다는 것은 내일 더 체력이 좋아질 거란 뜻이자 내일 더 몸을 잘 쓰게 되고 더 힘이 강해질 것이란 신호입니다.

아이들은 피곤할 만큼 뛰어놀아야 건강해집니다. 생각해 보면 피곤한 것도 모르고 뛰어노는 게 아이들의 본 모습입니다. 피곤할 만큼 놀고, 피곤해도 또 놉니다. 놀이의 즐거움을 알고, 자신의 몸을 쓰는 방법을 똑똑하게 이해하고 있기 때문입니다. 아이들은 힘을 써야 합니다. 힘이 들 정도로 몸을 써야 합니다. 힘을 써야 집중력과 주의력이 좋아지고 상동행동이 줄어듭니다. 또 신진대사와 혈액순환이 원활해져 건강해집니다.

"아이가 피곤해해서 오늘은 쉴게요."
"아이가 힘들어해서 바깥 활동을 못 하겠어요."
"아이가 힘들어해서 몸놀이를 줄여야겠어요."

이는 아이에 대해 잘 몰라서 하는 말입니다. 아이의 관점으로 바라보지 못하는 어른의 무지함입니다. 아이가 피곤해한다면 기뻐해야 합니다. 뿌듯해하면서 아이의 오늘 하루를 가득 채워 주었구나, 생각하면 됩니다. 오늘 하루도 아이가 피곤해할 만큼 알찬 시간을 보내 주세요.

Chapter 6

몸놀이와 함께한
100일의 기적

몸놀이와 함께한
아름다운 100일의 이야기

전화기 너머로 밝고 격양된 한 어머니의 목소리가 들립니다. "대표님! 우리 아이가 몸놀이를 시작하고 한 달 만에 말이 트였어요." 어머니에게서 이야기가 끊임없이 쏟아져 나옵니다.

"몸놀이 하니까 눈을 정말 잘 맞추고요. 계속 와서 같이 놀자고 하고 감정 표현도 정말 풍성해졌어요. 친구들과 잘 어울리지 못했었는데 요즘에는 어린이집에서도 친구들과 어울려 놀기 시작했대요. 그렇게 오랫동안 치료를 받아도 별 소용이 없었는데 한 달 동안 몸놀이 한 결과가 훨씬 좋아요. 정말 신기하고 놀라워요."

느리고 서툰 아이 몸놀이가 정답이다

속사포 랩처럼 빠르게 울려 퍼지는 어머니 이야기의 골자는 두 가지였습니다. 하나는 발달이 느린 아이에 대한 걱정과 불안, 다른 하나는 한 달 동안 몸놀이 하며 성장한 아이의 모습에 대한 놀람과 기대감이었습니다.

발달이 느린 아이, 자폐 성향이 있는 아이, 주의가 산만한 아이, 성장이 필요한 모든 아이가 부모님과 즐겁게 몸놀이 하길 바라면서 저는 적극적으로 목소리를 높이기 시작했습니다. 책을 출간하고, 방송에도 출연했습니다. 부모님에게 몸놀이 코칭을 해 주는 오프라인 수업도 5년 넘게 진행하고 있습니다. 덕분에 아이와 몸놀이 하며 시간을 보내는 부모님들이 많아지기 시작했고, 몸놀이의 효과를 인정하는 분 또한 늘어나기 시작했습니다.

"몸놀이는 어떻게 하는 건가요?"
"몸놀이 할 때 어느 정도로 세게 해야 하나요?"
"아이가 계속 날려 주는 놀이만 원하는데 계속 이것만 해 줘도 괜찮을까요?"
"아이가 몸놀이에 흥미가 없어요. 어떻게 하면 좋을까요?"

몸놀이에 관심을 갖고 문의하는 분들이 많아지자 부모님들과 더 자주, 구체적으로 소통할 수 있는 창구가 필요하다는 생각이 들었고, 같은 목표를 가진 부모님들이 모여 서로를 이끌어 주는 커뮤니티를 만들게 되었습니다. 그리고 '100일 몸놀이 도전하실 분! 성공하면 장학금 60만 원을 드립니다'라고 공지를 냈습니다.

그렇게 100일 몸놀이 도전 1기가 시작되었고, 현재 9기까지 성공적으로 도전을 마쳤습니다. 오랫동안 여러 가정이 함께 100일 몸놀이 도전을 해 왔습니다. 수백 명의 가족이 100일 동안 하루도 빠짐없이 어떤 몸놀이를 했고, 아이는 어떤 모습을 보였는지 사진과 동영상, 생각을 담은 글로 서로의 이야기를 공유했습니다. 초등학교 때도 이렇게 매일 일기를 써 본 적이 없을 부모님들이 아이를 위해 매일매일 그 기록의 행진을 함께 했습니다. 함께 웃는 날도 있었고 아이에 대한 염려로 함께 눈물 흘린 날도 있었습니다. 지친 부모가 있으면 서로 격려와 위로를 아끼지 않았고, 고민을 털어놓는 부모에게는 자신들의 경험을 아낌없이 나눠주었습니다.

최근 저희와 100일 몸놀이를 함께 하며 기적을 체험한 한 부모의 이야기를 나누고자 합니다.

100일간 수놓은
내 아이의 빛나는 성장일기

나도 부모가 처음이라

　신체적으로 건강한 아이를 낳고 난 뒤 내 아이가 혹시 발달장애를 겪게 되지는 않을까 예상하는 부모는 없을 것이다. 내 아이에게 발달 문제가 있다는 것을 미리 알 수 있었더라면 피할 수는 없어도 대비는 충분히 하지 않았을까? 나의 경우는 첫 아이였기 때문에 지금보다 더 육아를 모르던 시기였다. 내가 'ㅇㅇ 아빠'라는 또 다른 이름을 갖게 된 것도, 내가 부모라는 것도 어색했다. 아이 엄마도 나도 아이를 돌보기는 했지만 잘 돌보는 방법은 몰랐다. 같이 놀아야 한다는 생각보다 그저 아이가 혼자 놀면 혼자서도 잘 논다고 생각했고, 거실에 습관처럼 틀어져 있던 TV를 보고 멈춰 서서 한동안 보고 있으면 단순하게 '이걸 좋아하네'라고 생각했다. 밖에 나가 세상을 직접 경험할 기회를 주기보다 기왕이면 무엇이든 집에서 먼저 접하고 나중에 밖에 나가서 경험하면 더 잘 이해할 거라고 생각했다. 아이는 잘 먹이고 잘 재우다 보면 저절로 말도 배우고 크는 줄만 알았다. 우리는 그렇게 어리석은 부모였다.

당시 우리 부부는 같은 아파트에 사는 부모님께 아이를 맡겨 두고 맞벌이를 했다. 평범한 회사원이었던 나는 외벌이가 부담스러웠고 아이가 갖고 싶은 것이나 아이에게 좋은 것을 사 주기 위해 경제적으로 풍족한 삶을 선택했다. 이 역시도 부모님과 한 건물에 살고 있었기에 가능했다. 마음 편히 아이를 맡기고 돈을 벌 수 있어서 우리는 참 운이 좋다고 생각했다. 출근 전 아이에게 옷을 입혀 위층 어머니 댁에 맡기고 퇴근 후에 함께 저녁을 먹고 집에 데려와서 잠깐 놀다가 씻기고 재우는 것이 우리의 일과였다. 그렇다 보니 아이를 제대로 관찰하지도 못했고, 관찰한들 이 행동의 의미가 무엇인지, 아이가 잘 발달하고 있는지 알지 못했다. 직장생활과 반쪽짜리 육아만으로도 아이 엄마와 나는 지치고 피곤했다. 그때까지만 해도 부모와 아이의 스킨십이 애착 형성과 성장, 발달에 이렇게 큰 영향을 주게 될 거라고는 생각하지 못했다.

아이와 함께 많은 시간을 보내지는 못했어도 아이는 잘 먹고 잘 자랐다. 아이가 첫 돌이 지날 때까지도 우리는 아무런 문제를 느끼지 못했다. 육아 책에서 본 아이의 시기별 발달과 비슷하게 잘 크

느리고 서툰 아이 몸놀이가 정답이다

는 아이를 보고 안심했고 그냥 지금처럼 키우면 된다고 생각했다. 아이가 15개월쯤 되었을 때는 옹알이도 제법 했었다. 그 후로도 말이 조금 늦다고만 생각했지 다른 문제가 있을 것이라는 생각은 전혀 하지 못했다. 돌이켜보면 두 돌쯤 되었을 때는 그 전보다 확실히 옹알이도 줄었고 그 옹알이도 상호 작용을 위한 옹알이는 아니었던 것 같다. 아이는 시나브로 자기만의 세계로 들어가 문을 닫고 있었는데 우리 부부는 이런 문제를 미리 염두에 두거나 발달 문제를 의심해 본 적이 없었기에 때를 놓치게 되었다.

조금 늦는다 생각했던 언어는 옹알이에서 의미 있는 자발어로 발화되지 못한 채 계속해서 시간만 흘러갔다. 그때 조금 더 신경 써서 알아보았으면 좋았을 텐데, 이 문제에 대해 크게 걱정하지 않았던 것은 주변 어른들의 말씀 때문이었다. 5살에 말문이 트였다는 아이, 학교 들어갈 때 말을 했다는 아이…… 주변에 그런 아이 한둘은 꼭 있었다.

아이가 두 돌이 지났을 무렵, 문득 언젠가부터 아이가 점점 혼자 노는 걸 좋아하는 것 같다는 생각이 들었다. 같이 놀려고 다가가도 아이는 내 말에 대답하지 않고 이것저것 장난감을 가지고 노는 것만 좋아했다. 가끔 혼자 이상한 소리를 내기도 했는데, 그때는 그게 옹알이라고 생각했다. 아이는 갖고 싶거나 먹고 싶은 것은 엄마 아빠 손을 끌어다 놓는 방식으로 표현했기에 비언어적인 의사 표현도 잘 한다고 생각했다. 놀다가 어디에 제법 강하게 부딪혀도 그 부위를 손으로 만지지도 않거나 만지더라도 그것 때문에 우는 일은 많지 않았다. 그저 통각이 무디고 몸이 튼튼한 아이라고만 생각했다.

벼랑 끝에서 잡은 희망

우리 부부의 육아를 도와주시던 어머니가 종종 아이가 말이 너무 늦는 것 같으니 어디 가서 검사라도 받으라고 권유했었다. 하지만 우리 부부는 검사를 받는 것이 마치 내 아이가 정말 문제가 있고 그것을 인정하는 것 같아서 '말이 트이겠지, 그럴 거야'라는 막연한 믿음으로 회피했었다. 솔직히 말하자면 설마 하는 생각에 안일하고 게을렀던 것도 있었다.

2020년 설 연휴였다. 인근에 있는 사촌 집에 어머니를 모셔다드리던 중 기분 나쁘게 듣지는 말라며 조심스럽고 심각한 말투로 어머니가 이야기를 꺼냈다. 아이가 자폐증 비슷한 증상이 있으니 꼭 한번 알아보라는 이야기였다. 순간 표정관리가 되지 않을 만큼 혼란스럽고 불쾌했다. 갑자기 냉랭해진 분위기를 어머니도 아마 느꼈을 것이다. 돌아오는 길에 찝찝한 마음으로 처음 유아자폐증을 검색해 봤다. 이것저것 읽어 보니 대표적으로 나타나는 증상들이 우리 아이의 행동과 일치하는 부분이 많아서 갑자기 덜컥 겁이 났다. 그리고 설 연휴 바로 다음 날, 태어난 지 33개월이 지나던 때에 아이는 첫 검사를 받게 되었다.

느리고 서툰 아이 몸놀이가 정답이다

당시 아이 엄마는 둘째를 임신 중이었다. 나는 아내와 함께 병원에 가면 혹시나 좋지 않은 결과가 나왔을 때 너무 놀라 둘째가 잘못될까 싶어 걱정이 되었다. 오늘은 내가 아이와 놀아 주겠다며 거짓말을 하고 첫째와 둘이서 집을 나섰다. 그리고 병원에 도착해 1시간가량 상담받으며 관찰한 결과 전형적인 자폐 증세를 보인다는 소견을 받게 되었다. 아이 손을 붙잡고 병원을 나서는데 정말 하늘이 무너진다는 표현이 부족할 만큼 너무나 큰 충격을 받았다. 나는 앞으로도 그날을 평생 잊지 못할 것이다. 집으로 돌아오는 차 안에서 뒷자리에 앉아 아무것도 모른 채 해맑게 웃으며 창밖을 보는 아이를 바라보면서 그동안 무심했던 것이 미안해 참 많이 울었다. 앞으로 어떻게 해야 하는지, 고칠 수는 있는 건지 아무것도 알 수 없어 너무나 무섭고 두려웠다.

하지만 하루 한시가 시급한 아이를 위해서 주저할 시간이 없었다. 그리고 언제부터 정상적인 발달이 이루어지지 않은 것인지 퇴행의 시점을 알아내기 위해 핸드폰 사진첩을 뒤적이며 단서를 찾으려 노력했다. 아이는 17~18개월 즈음부터 조금씩 다른 모습을 보인 것 같다. 앞서 언급한 것처럼 첫 검사를 33개월에 했으니 15개월, 그러니까 약 1년 3개월가량의 시간 동안 계속해서 잘못된 방향으로 가고 있었던 것이다.

병원에서 결과를 받은 뒤 처음 2~3주 정도는 아이가 눈 뜨고 있는 모든 시간에 아이 옆에서 오롯이 집중했고, 아이가 잠들고 나면 아이에게 어떤 것이 필요한지 계속 찾아보고 공부했다. 하루 서너 시간 정도만 자고 식사는 하루에 한 끼만 먹으며 보냈다. 그만큼 절박했고, 간절했다. 당장 치료를 시작할 전문 센터가 필요했다. 강화물强化物(반응 확률을 증가시기는 모든 자극)을 사용한 반복 훈련으로 아이에게 하나씩 입력하는 방식의 치료는 하고 싶지 않았다. 그래서 결정한 첫 치료는 아이의 정서에 접근한 치료 방법이었다. 아이와의 정서적인 교감에 집중하자 어느 정도의 성과는 거둘 수 있었지만 무언가 부족했다. 치료 초반에는 하루하루 좋아지고 나빠지는 정도의 폭이 꽤 컸다. 좋은 날에는 눈 맞춤이나 모방 행동까지 잘 하다가도 또 어떤 날에는 전혀 되지 않았다.

나는 계속해서 필요한 정보를 찾았다. 그러다가 유튜브에서 우연히 터치아이 영상을 접하게 됐다. 당시 최대한 많은 정보가 필요했기에 궁금한 마음에 영상을 시청했다. 영상을 보며 처음 받았던 느낌은 말로 표현할 수 없지만 다른 치료센터와는 뭔가 다른 게 느껴졌다. 자폐라는 장애에 적응하는 게 아니라 벗어날 수 있다는 강한 자신감과 사례들이 나를 이끌었다. 세상에 알려진 그 어떤 논문이나 학설보다 새로운 관점으로 설득력 있게 펼치는 이론은 오랜 기간 아이들과 함께하며 직접 몸으로 겪지 않고서는 불가능한 것이라고 판단했다. 그동안 밤을 새워 정보를 모으며 뭔가 부족하다고 느꼈던 부분들이 꽉 채워지는 느낌이었다.

내 예상대로 많이 알아보고 공부할수록 더 마음에 들었다. 이 기관의 아이를 대하는 방식이나 치료 방식이 건강했다. 아이들에게 가장 중요하고 가장 필요한 '자연과 사람'으로 치료하는 것이 너무나 마음에 들었다. 나 역시 치료는 그래야 한다고 생각했다. 그래야 부작용이 없기 때문이다. 이곳의 솔루션은 아주 간결했다. 편식이 있는 아이는 배고픔을 느끼게 해 주면 되고, 불 꺼진 방에서 잠을 안 자고 각종 감각 추구를 하는 아이는 하루 종일 왕성하게 활동하게 해 피곤함에 지쳐 쓰러져 잠들게 하면 되고, 변비가 있는 아이는 장운동이 활발해지도록 열심히 뛰어놀고 운동하면 되는 것이었다.

아이를 위한 세 가지 변화

본격적인 치료에 앞서 가장 먼저 부모인 나부터 변해야 했다. 그동안 아이에 대해 잘 몰랐고 그저 알아서 잘 클 것이라 생각한 나에게는 이 과정이 가장 어려웠다. 발달 문제에 대한 더 많은 관심과 공부가 필요했고, 무엇에도 흔들리지 않을 단단한 마음가짐이 필요했다. 아이와 함께 있을 때 일어나는 상황 순간순간에 내 머릿속에 깊이 박혀 있던 육아에 대한 여러 가지 고정관념들과 싸워야 했다.

그동안 아이 손을 잡고 밖에 나가면 많은 부분을 통제했었다. 다른 사람들에게 피해를 주거나 다른 사람들이 우리를 이상하게 볼까 봐, 아이에게 더러운 것이 묻을까 봐 등 여러 가지 이유로 늘 아이 행동을 막곤 했다. 집에서도 뜨거운 것에 데일까 봐, 높은 곳에서 떨어지거나 뛰어다니다 부딪혀서 다칠까 봐 아이를 늘 제한된 환경에서 머물게 했었다. 아이가 조용히 앉아 책이나 TV를 보고, 한 자리에서 장난감을 갖고 놀면 부모로서 안도감을 느꼈다. 그러니 아이가 제한된 관심을 갖게 된 것도 어찌 보면 당연한 일이었다. 이 모든 것이 과잉보호와 부족한 경험에서 오는 감각 이상이라는 논리에 수긍할 수밖에 없었다. 이것이 내가 가지고 있었던 고정관념이었다.

내가 어렸을 때는 그런 제한에서 꽤 자유로웠던 것으로 기억한다. 다른 곳에 정신이 팔려 몰입하다가 높이를 인지하지 못하고 별이 번쩍 보일 정도로 세게 머리를 부딪치기도 했고, 뛰다가 넘어져 무릎에 피가 날 정도로 다쳐 울기도 했다. 상처가 나면 상처 난 곳만 아픈 게 아니라 그 주변도 만질 때마다 얼얼하다는 것도 결국 다쳐 보고 나서야 알게 되었다. 길바닥에 붙어 있는 검고 딱딱한 것을 손톱으로 파내서 그것이 껌인 것을 알았고 손에 묻은 껌을 떼어 내려면 비누로 깨끗이 문지르면서 씻어야 한다는 것도 더러운 것을 만져 보면서 알게 되었다. 30년이 훌쩍 지난 지금까지도 내 몸 여기저기에 남아 있는 흉터들은 모두 지난날 내 삶의 경험이자 추억이었다. 나는 이런 경험을 통해 조심성을 배웠다.

그 뒤로 나는 아이와 손을 잡고 걷다가 내 손을 잡아끄는 것이 있으면 큰 부상의 위험이 따르지 않는 이상 그게 무엇이든 아이가 만져 보고, 느껴 보고, 경험하게 했다. 집 근처에 있는 산에 가도 산을 오르는 것이 아닌 자연을 경험하는 것이 목표가 되었다. 산을

느리고 서툰 아이 몸놀이가 정답이다

오르면서 새소리를 따라가 보기도 하고, 나뭇잎을 따서 만져 보고, 떨어진 나뭇가지를 꺾어 보고, 흙을 만져 보게 했다. 울퉁불퉁한 바위에도 앉아 보고, 길을 걸을 때 목적지와 다른 방향이거나 낯선 길이라도 주저 없이 같이 가 보며 경험할 수 있는 모든 것을 직접 만져 보고 눌러 보게 했다.

집에서도 마찬가지였다. 전에는 음식 준비를 할 때 아이가 부엌 주변에 가지 못하게 했었는데 함께 식탁에 앉아 엄마가 요리하는 모습을 보여 주고, 식탁 의자를 밟고 올라가 엄마 따라 설거지도 해 보고 쌀도 직접 씻어 보게 했다. 아이에게 케이크 칼을 쥐어 줘서 식재료를 직접 자르게 하고 주무르고 만지며 함께 음식을 만들었다. 또 조금 뜨거운 물이나 숨이 차오를 만큼 차가운 물로 목욕해 보며 온도를 온몸으로 느끼게 해 주었다.

'이건 사과야. 단단하고 껍질은 질겨. 사과에서는 달콤한 향기가 나. 사과는 아삭해. 사과는 단맛이야'라고 하나하나 알려 주는 것보다 직접 사과를 손으로 씻고, 만지고, 턱 근육을 사용해 베어 먹어 보고, 냄새를 맡고, 맛을 보고, 식감을 느끼는 것만큼 더 좋은 교육은 없다고 생각했다. 물론 이렇게 매 순간 아이에게 경험을 시켜 주려다 보면 모든 일이 지체되기 마련이다. 여유 있게 준비를 시작해도 약속에 늦는 일이 허다했다. 하지만 아이가 직접 경험해 보는 것만큼 아이 성장에 좋은 것이 없다고 생각하면 당연히 필요한 것들이었다.

이런 노력들 덕분에 아이도 조금씩 변화하는 모습을 보이기 시작했다. 무엇이든 적극적으로 탐색하고 경험하고 싶어 했고, 몇 번 경험이 있는 일에는 자신감을 내비치기도 했다. 반복된 일들은 점차 능숙하게 해냈다. 뜨거운 음식을 만들 때는 불 주변에 가지 않기, 뜨거운 국물을 먹을 때는 후후 불어서 먹기, 높은 곳에 원하는 것이 있으면 밟고 올라설 것을 활용하기 등 경험을 통해 생활 속 인지가 높아지면서 아이 스스로 인지하고 성장하기 시작했다.

아이를 치료하면서 가장 힘들었던 것은 아이의 잠재력을 믿고 항상 긍정적인 태도를 유지하는 것이었다. 무엇이든 부모 마음처럼 되지 않는 아이를 보며 실망하고 좌절했던 경험들을 말해 보라고 하면 밤을 새도 부족할 것이다. 방금 전에도, 어제도, 그제도 느꼈을 테니 말이다. 하지만 절망은 절망을 낳고 부정은 더 큰 부정으로 우리를 끌고 간다는 것은 당연한 상식이기에 아이를 바라보는 긍정적인 시선과 믿음이 반드시 필요했다.

나는 긍정적인 마음을 유지하기 위해 아이가 잘못된 행동을 했다고 생각하는 것을 그만두기로 했다. 하지만 이 또한 잘못된 생각이었다. 애초에 아이는 잘못을 하지 않는다. 그 잘못이라는 것도 나의 기준일 뿐이었다. 아이는 어떤 악의적 의도도 없이 그저 감각이, 본능이 이끄는 대로 행동했을 뿐이다. 부족한 인지는 서서히 경험하게 하면서 알려 주면 된다. '이것밖에 못한다'가 아니라 '이것도 할 수 있다'로, '이건 할 수 있다'가 아니라 '이걸 해냈으니 저것도 해낼 것이다'로 생각을 바꾸기 위해 노력했다. 물론 한순간에 마음가짐을 바꾼다는 것이 쉽지는 않았다. 아이의 행동에 순간순간 울컥하거나 문제 상황을 맞닥뜨리는 순간 스스로 다짐한 것들이 아주 쉽게 내 머릿속에서 잊히기도 했다. 후회와 다짐을 반복하며 노력하다 보니 조금씩 아이를 바라보는 시선이 달라졌다.

처음 치료를 시작했던 때를 기준으로 봤을 때 우리 아이는 대표적인 자폐 증상에 거의 모두 해당됐었다. 눈 맞춤도, 호명 반응도, 동작 모방도, 언어도 어느 것 하나 원활한 것이 없었다. 아이는 내가 가까이에서 눈을 바라보면 눈을 피했다. 마치 같은 극의 자석 같았다. 누가 이기는지 해 보자며 10분 동안 계속 눈을 따라가 본 적도 있었지만 끝내 실패했었다. 그에 반해 시각 추구를 위한 불빛, 움직이는 사물들은 눈을 손으로 가려 방해해도 어떻게든 그 손을 피해서 보려고 했다.

이 둘의 차이가 무엇인지 고민하다가 결국 '익숙함'과 '경험'의 문제라는 것을 깨달았다. 익숙한 것을 보고 싶어 하는 욕구는 높고 경험이 부족한 타인과의 눈 맞춤은 피하는 것이었다. '경험'이라는 개념을 대입하니 눈 맞춤뿐만 아니라 다른 문제들과도 맞아 떨어졌다. 부모와 상호 작용하는 것, 스스로 밥을 먹는 것, 스스로 옷을 갈아입는 것 등 경험해 본 적이 없는 것은 하지 않으려는 경향이 강했다. 나는 부족한 경험을 제공해 주는 것으로 채우고자 노력했다. 아이가 거부하는 것은 경험이 부족하기 때문이라고 생각하고 충분히 경험해 볼 수 있게 했다. 강하게 거부하며 울던 아이는 경험을 통해 서서히 극복해 나갔고 현재도 같은 방식으로 점차 좋아지고 있다.

느린 아이를 키우는 부모가 흔히 놓치는 아이의 잠재력에 대해서 한 가지 예를 들어 보겠다. 아이가 미디어에 자주 노출된 경험이 있다면 특히 이 이야기에 공감할 것이다. 아이에게 TV 리모컨이나 태블릿, 스마트폰을 주었을 때 신기하게도 알아서 척척 원하는 것을 켜고, 선택하고, 시청하는 것을 본 적이 있을 것이다. 이때 대부분의 부모는 아마 '내 아이가 정말 똑똑하구나'라는 생각을 했을 것이다. 나도 그랬다. 이제 겨우 두 돌인 아이가 혼자서 보고 싶은 것을 골라 보고 심지어 영상 앞이나 중간에 나오는 광고도 건너뛰며 오랜 시간 집중해서 보는 모습은 놀랍고 신기하기만 했다. 아이가 혼자 미디어를 보는 것은 인간의 본능이 아니다. 아이의 진짜 본능은 자신이 원하고 좋아하는 것(미디어)을 제공받은 경험을 바탕으로 이것을 다시 얻으려면 어떻게 해야 하는지 제공자(부모님)를 매 순간 관찰하며 주어진 기회에서 모방하고, 직접 경험하면서 체득하는 것이다.

나는 이 경험을 통해 내 아이는 관심이 있는 것에 대해서는 충분히 스스로 관찰하고 모방하는 능력과 인지 능력이 있다고 판단했다. 그래서 모든 것을 '아이의 관심사'에 초점을 두었다. 아이가 부모의 행동을 모방하지 않는 것은 그만큼 흥미나 관심이 없어서지 모방 능력이 없어서가 아니었다. 엄마 아빠와 놀다가 장난감에 시선이 빼앗기고, 장난감을 가지고 놀다가 미디어에 관심을 빼앗기는 것은 사람-사물-미디어 순으로 아이가 받아들이는 자극의 크기가 달랐다는 것이고 이는 곧 흥미와 관심의 차이기도 했다.

느리고 서툰 아이 몸놀이가 정답이다

이런 기준으로 아이를 바라보니 내 아이가 할 수 있는 것은 생각보다 많았다. 집중력이 없는 것이 아니라 사람보다 사물 중심적으로 생각하고, 바라보고, 집중하는 문제를 가지고 있었을 뿐이었다. 호명에 반응이 없는 것은 청각 문제가 아닌 관심사의 우선순위가 사물 중심으로 청지각聽知覺(청각적 특성에 대한 지각)에 집중되어 있었기 때문이었다. 지금까지는 미디어와 장난감이 아이 관심의 우선순위였으나 서서히 사물보다 사람에 더 익숙해지게 만들어 주면 된다고 생각했다. 이 문제를 해결하기 위해서 사물은 최대한 멀리하고 사람을 최대한 가깝게 하기 위해 노력했다. 사물에 관심을 보이더라도 그 안에 사람을 대입시키고 어떻게든 그 안에 관여하려고 노력했다. 이를 통해 아이에게 점차 사람에게 관심을 보이는 긍정적인 변화가 나타나기 시작했고, 최근까지도 계속해서 아이의 본능적인 행동을 어떻게 치료에 대입하여 활용할 것인가를 고민하고 있다.

이렇게 부정과 긍정은 종이 한 장 차이였다. 아주 간단한 생각의 전환이 익숙해지자 늘 불안하고 불편했던 내 마음을 도전적, 긍정적으로 유지할 수 있었다. 부모의 긍정적 마음가짐은 지치고 좌절하기 쉬운 자폐 치료라는 장기레이스에 필수 요소기에 나는 꼭 필요한 변화라고 생각한다.

마지막으로 아이 치료를 위해서 했던 일들은 아이의 집중력을 흐트러뜨리고 자폐 성향을 더 강화할 만한 유해 요소들을 철저하게 제거하는 일이었다. 현재 우리 집은 근육 발달을 저해하는 플라

스틱 장난감이나 강한 시청각 자극으로 주의를 산만하게 만드는 미디어, 불빛과 소리가 나는 장난감, 그리고 평면적 시각 자극을 유도하는 동화책, 블록, 퍼즐, 알파벳이나 숫자가 적힌 벽면 포스터 등은 단 하나도 빠짐없이 모두 버린 상태다. 아이가 사물이 아닌 사람 중심으로 관찰하고 탐색하며 함께 어울리길 바라는 마음에서였다.

장난감, 책 들을 치우고 가장 먼저 생긴 변화는 아이가 생활용품들을 활용해 놀기 시작한 것이었다. 사용 목적을 알고 있는 물건은 놀이하며 적절한 모방을 보여 주기도 했다. 가령, 들기 버거운 청소기를 들고 낑낑거리며 바닥을 밀고 다닌다거나 주방 수납장에서 냄비와 주걱을 꺼내 물건을 집어넣고 뒤적거리는 모습을 보였다. 엄마 가방에 자기가 좋아하는 물건을 담아 들고 다니기도 했고 베란다에 둔 장화를 거실로 가져와 신고 다니면서 매트 위에 신발을 벗고 올라갔다가 내려와서 다시 신는 등의 놀이를 하기도 했다. 과거 하루 종일 장난감 자동차들을 줄 맞춰 세우거나 여기저기 굴리고 다니며 놀던 때와는 다른 모습이었다.

간혹 아이가 손에 들고 있는 물건의 사용 방법을 모를 때는 기억해 두었다가 그 물건을 사용하는 상황을 만들어서 직접 보여 주고 경험하게 했다. 우리 집에 주방용 절구와 방망이가 있는데 하루는 그 절구통을 머리에 쓰고 다니길래 그날 저녁 식탁에 함께 앉아 참깨를 빻고 그다음 날에는 마늘을 빻았다. 그 이후로 아이는 더 이상 절구통을 머리에 쓰지 않았다. 장난감이나 미디어, 책과 같은 유해 요소 제거의 목적은 본래 아이의 감각 추구를 제한하는 것이 가장 큰 목적이었지만, 이로 인해 얻은 아이의 긍정적인 변화는 생각보다 아주 컸다. 감각 추구가 점차 소거되었고 인지 능력과 공간에 대한 이해도 높아졌다. 장난감이 모여 있는 제한적인 공간에서만 활동하는 것이 아니라 집 안 전체를 활용하며 탐색하는 것은 우리 아이들의 공통 문제인 '편협한 관심사'를 확장하는 면에서도 매우 탁월했다고 생각한다. 아빠인 나에게 이런 질문을 할 사람은 많지 않겠지만 혹시라도 누군가 나에게 육아를 더 잘하는 방법을 묻는다면 나는 자신 있게 말할 것이다.

"집 안의 모든 장난감을 버리고 아이와 매 순간 함께해 주세요."

100일의 기적

나는 아이와 잘 놀아 주는 아빠가 아니었다. 오히려 아이에게 무관심한 나쁜 아빠였다. 어떻게 놀아 줘야 하는지, 어떻게 해야 아이가 좋아하는지도 몰랐다. 아이가 장난감을 가지고 놀고 있으면 나는 나대로 그 옆에서 장난감을 함께 가지고 놀았고 미디어를 볼 때는 옆에 앉아 같이 봤다. 그저 한 공간에서 같은 것을 하며 시간을 보내는 것이 내가 아이랑 놀아 주는 것의 전부였다. 그런데 아이의 치료를 시작하며 쉽게 아이와 시간을 보낼 수 있는 미디어나 장난감들을 제한하고 나니 아이와 마주 보며 보내는 시간이 많아질 수밖에 없었고, 아이에게 아빠는 놀이의 도구가 되고 대상이 되었다.

• 1~10일 차: 시작이 반이다

아이의 치료를 위해 100일 몸놀이 도전을 시작했다. 매일 30분 이상 몸으로 놀아 주는 것과 3분 이상 아이를 꽉 안아 주는 것이 미션이었다. 하지만 아무것도 없이 몸으로만 놀아 주는 게 쉽지 않았다. 처음에는 어떻게 해 줘야 할지 몰라서 그냥 아이를 끌어안고 좌우로 뒹굴거나 아이를 안고 빙글빙글 돌고 비행기만 태워 주었다. 아는 몸놀이라고는 그것뿐이었다. 매일 30분이라는 시간을 아이와 이렇게 보내야 한다는 게 막막했다. 몸놀이 하는 시간이 너무나 더디게 느껴져서 정말 5분에 한 번씩 시계를 봤다.

아빠의 놀이 종류가 단순하니 아이도 몸놀이에 흥미를 느끼지 못했다. 끌어안으면 빠져나가려고 힘을 쓰며 칭얼댔고, 비행기를 태워 줘도 사랑스럽게 눈을 마주 보는 것이 아니라 아빠가 아닌 다른 곳으로 시선을 돌리기 바빴다. 흥미는 없어 보였지만 그나마 비행기를 태워 주거나 안고 빙글빙글 도는 신체 이동이 있는 몸놀이에는 거부 반응을 보이지 않았다. 그에 비해 아이와 신체 접촉을 유지한 상태로 하는 상호 작용 몸놀이에는 큰 거부 반응을 보였다. 일단 가까운 거리에서 마주 보는 것 자체를 거부했다. 이 상태를 거부하니 그다음으로 이어져야 하는 상호 작용이 될 리가 없었다. 하지

느리고 서툰 아이 몸놀이가 정답이다

만 꾸준하게 조금씩 거부 반응이 적은 방향으로 계속 시도했다.

'꺼안기'라고 부르는 안아 주기 미션도 마찬가지였다. 불편함을 느끼고 싫다고 격렬하게 저항하면서 우는 아이를 보며 내 마음도 착잡했다. 안고 있는 팔을 풀어 줘야 하는 건지 고민했다. 치료 전문가에게 수차례 물었다. 아이가 너무나 심하게 거부하는데 계속 해도 되는 건지, 중단해야 하는 건 아닌지, 답은 이미 알고 있었지만 그래도 혹시나 싶어 기회가 생길 때마다 물었다. 아이의 울음에 내 감정은 쉽게 흔들렸고, 정말 이것이 맞는 것인지에 대한 확신도 흔들렸다. 그렇게 반신반의한 상태로 뭐가 뭔지 정확히 파악하지 못한 채 첫 열흘 정도를 보냈다. 그래도 시작이 반이라고 열심히 했으니까 분명 아이에게 좋은 것이 하나쯤은 있겠지, 하는 막연한 믿음으로 말이다.

• 11~20일 차: 치료 방법에 대한 신뢰

계속해서 인터넷이나 책을 가리지 않고 아이가 좋아할 만한 몸놀이를 찾았다. 그리고 몸놀이 시간에 하나씩 적용해 보면서 점차 아이가 즐기면서 할 수 있는 몸놀이가 어떤 것인지 조금씩 감을 잡게 되었다. 아이가 즐거워하며 조금씩 흥미를 보이니 나도 즐거웠고 더 이상 시계를 보지 않게 되었다. 30분 동안 몸놀이가 자연스럽게 이어졌다. 꺼안기를 할 때도 마찬가지였다. 아이의 울음이 발성과 호흡 그리고 입 주변의 근육 사용에 영향을 준다는 정보를 접하고 나서는 우는 것이 당연하게 느껴졌고 오히려 더 시원하게 울도록 강하게 껴안았다. 껴안기가 끝나고 나면 펑펑 운 것이 후련했는지 아이가 곧 편안해하고 집중도도 높아지는 것을 체감할 수 있었다.

하지만 여전히 몸놀이의 효과에 대해서는 의문점이 남았다. 단지 아이가 즐기기 시작했을 뿐 딱히 자폐적 성향의 호전은 체감하기 어려웠기 때문이다. 그러나 긍정적으로 생각하기로 했다. 소소한 변화가 차곡차곡 쌓이고 있을 거라고 믿었다. 이제 고작 20일이 지났을 뿐이다. 20일 만에 아이가 눈에 띄게 좋아질 것이었으면 이 세상에 자폐로 어려움을 겪는 아이는 없을 것이고 이미 세상에 존재하는 모든 치료법은 의미가 없지 않을까? 몸놀이와 껴안기를 통해 변화를 경험한 많은 사람들의 이야기와 신뢰를 바탕으로 묵묵히 하는 것만이 내가 할 수 있는 최선이었다.

· 21~30일 차: 작은 변화들이 모여 이루어 낸 성과

아이는 30일 차에 접어들면서 아주 조금이지만 점차 변화하기 시작했다. 특히 그동안 아이에게서 볼 수 없었던 '수용 언어(다른 사람의 말을 듣고 그 의미를 이해하는 것)'라는 것이 생겼다. 치료 과정 전체를 두고 보면 작은 변화일지 모르지만 내가 느끼기엔 아주 큰 변화였다. 이 수용 언어의 확장은 아이가 사람 목소리에 반응한다는 매우 긍정적인 신호다. 수용 언어가 되면 지시 수행과 상호 작용이 가능해진다. 아이는 하이파이브, 뽀뽀, 빠이빠이, 쓰레기통에 쓰레기 버리기, 불 켜고 끄기 등 지시 수행과 상호 작용이 생겼고 이를 더 확장하기 위해 했던 여러 가지 시도는 아이가 보다 빠르게 발달하는 데 큰 역할을 했다고 믿는다.

아이가 조금씩 몸놀이에 반응을 보인다고 생각한 뒤로 나는 아이의 하루 일과를 규칙적으로 만들기 위해 매일 오전 7시에 아이를 깨우고 아침, 저녁으로 몸놀이 시간을 확장했다. 이전까지는 눈 뜨는 시간이 일어나는 시간이었고, 눈 감는 시간이 취침 시간이었다. 규칙적인 일과로 알찬 하루를 보내면서 아이의 몸 컨디션을 더 끌어올리려는 나름의 방법이었다. 아침 7시에 아이를 깨워서 껴안기 몸놀이로 8시까지 꼬박 시간을 채웠다. 아침에는 아이 기분을 좋게 해 주는 즐거운 몸놀이 위주로, 저녁 시간에는 아이가 충분히 몸을 쓸 수 있는 몸놀이 위주로 진행했다. 그러자 아이의 식사량이 개선되었고 낮잠 시간과 취침 시간도 일정해졌다.

• 31~40일: 박차를 가해 발달하는 아이

치료를 시작하기 전에는 아이가 어떤 것에 몰입해 있을 때 주위 환기를 시키는 것이 어려웠다. 옆에서 아이를 부르는 것은 물론이고 등을 간지럽히거나 툭툭 몸을 건드려도 주의 환기가 잘 되지 않았다. 그러나 몸놀이를 시작하고 한 달 정도가 지나자 아이의 무뎠던 감각 반응이 좋아지는 것이 느껴졌다. 특히 감각이 무디다고 여겼던 등 부위를 살짝만 건드려도 금세 주의 환기가 이루어졌고, 손가락으로 살짝 쿡쿡 찌르면 간지러워 어쩔 줄 모르는 반응을 보였다. 가장 눈에 띄는 반응 개선은 호명 반응이 생겨났다는 것인데,

이름만 불러도 반응하는 상황이 늘었고, 이름과 함께 지시나 제안에도 즉각적으로 반응하는 상황이 늘어났다. 또한 공동주의, 합동주시도 생겨났다. 아이의 주의를 끌어 내 손끝을 함께 바라보는 것이 가능해졌고 눈 맞춤 상태에서 다른 쪽으로 눈을 돌려 관심을 보이는 제스처를 취하면 함께 호기심을 갖고 바라보는 것이 가능해졌다. 매번 100퍼센트의 수행력을 보인 것은 아니었지만 이런 상호 작용의 반응들은 상황이 자주 만들어질수록 점차 익숙해졌다.

이 시기에 아이에게 처음으로 젓가락을 쥐어 준 기억이 난다. 음식을 집는 것이 마음대로 되지 않으면 손에 들고 있던 포크도 내던지고 손으로 잡으려던 아이였기에 젓가락질은 아주 나중의 일이라고 생각했는데, 젓가락을 쥐고 마치 몇 번 해 본 것처럼 능숙하게 음식을 집어먹어서 놀랐다. 이처럼 아이는 못할 것 같은 일도 거침없이 해내는 모습을 보여 주었다.

• 41~50일 차: 감정 발달이 시작되다

40일 차가 되면서 조금씩 아이의 감정이 나타나기 시작했다. 나의 경우 껴안거나 제법 힘이 필요한 몸놀이를 많이 하다 보니 아이가 표현한 감정의 대다수가 부정적인 감정이기는 했지만 싫은 감정을 확실히 표현하기 시작했다.

하루는 구입한 냄비 택배가 도착하여 거실로 가져왔는데 아이가 택배 상자를 뜯더니 냄비 안에다가 밴드, 빨래집게 등 이것저것 물건들을 넣어서 가지고 놀았다. 나는 장난을 치려는 의도로 옆에서

느리고 서툰 아이 몸놀이가 정답이다

같이 노는 척하다가 냄비를 뺏고 "내꺼야!" 하면서 등 뒤에 감추었다. 평소 같았으면 무표정하거나 무심하게 바로 다른 놀이 도구를 탐색했을 아이인데 대성통곡하며 주저앉아 한참을 울었다. 안아주려는 의도로 팔을 벌렸더니 바로 다가와 안겨서 긴 시간을 서럽게 울었다.

이 시기에는 전정감각前庭感覺(직진 운동이나 회전 운동의 가속도에 대한 감각)을 강하게 자극하는 굉장히 역동적이고 신체 이동 변화가 큰 몸놀이를 자주 했다. 아이가 몸놀이를 즐긴다는 느낌을 자주받았다. 가끔 적극적으로 자신이 좋아하는 몸놀이를 해 달라고 팔을 벌려 다가오기도 했다. 아이가 좋아하지 않는 힘을 쓰는 몸놀이들도 많았지만, 아이의 대근육 발달을 위해 꼭 필요한 놀이였기 때문에 빼놓지 않고 진행했다.

• 51~60일 차: 우리 아이가 점점 건강해지고 있다

몸놀이 시간에 비행기를 태워 주고 있었다. 즐겁게 눈 맞춤 하며 놀던 중 아이가 손을 놓은 상태에서 갑자기 몸을 비트는 바람에 우당탕탕 떨어지며 넘어졌다. 잠시 정적이 흘렀고 아이는 내 팔을 붙잡고 계속 울었다. 아이의 반응이 다른 때와 조금 달랐다. 이상함을 감지하고 울음을 그치게 한 뒤 아이의 오른팔을 잡았는데 왼팔로 내 손을 밀쳐 내더니 다시 엄청난 소리로 울기 시작했다. 순간 정말 뭔가 잘못되었다는 느낌을 받았다. 일단 그대로 옷을 챙겨 입고 급히 아이와 응급실이 있는 병원으로 향했다. 검사 결과 골절은 아니었으나 팔꿈치가 빠진 상태였고, 다음 날 전문병원을 찾아 빠진 팔꿈치를 다시 잘 맞추고 며칠간 회복했다.

회복하는 동안 아이의 신체 사용 능력이 정말 좋아졌다는 것을 확실히 알 수 있었다. 한쪽 팔이 불편한 상태에서 양팔이 필요할 땐 아픈 팔 대신 이를 사용했고 아픈 팔을 사용할 때는 몸의 가동 범위를 그에 맞게 사용했다. 한 신체 부위의 사용이 제한되니 다른 부위를 사용해 문제를 해결하려는 모습을 보였다. 물론 50일이라는 기간 동안 아이가 자연스럽게 신체 성장을 이룬 것도 있겠지만 분명 그 이상의 능력들이라고 판단했다. 자기 몸에 집중한 상태로 충분히 몸을 사용하게 한 몸놀이의 결과라고밖에 생각할 수 없었다.

아이 모습을 돌이켜보며 '건강해졌다'라는 생각이 들었다. 여기서 건강하다는 것은 단순히 아픈 곳이 없다는 게 아니라 표정, 움직임이 활발한 또래 아이들의 모습이 종종 보였다는 이야기다. 또 다른 긍정적인 변화는 감각 추구도 눈에 띄게 줄었다는 점이었다. 툭하면 멍하니 자기 몰입에 빠져 있던 아이가 감각들이 안정되면서 이런 모습이 많이 소거되었다. 아마도 이 시기에 감각 추구 행동이 줄어들고 신체 사용이 자연스러워지면서 아이 행동에서 부자연스러움을 거의 느끼지 못해 아이가 건강해졌다고 느꼈던 것 같다.

• 61~70일 차: 성장과 함께 찾아오는 불안정한 모습

이 시기에 아이가 한 단계를 뛰어넘어 크게 성장한 느낌을 받았는데, 이와 더불어 한참 불안정한 모습을 보이기도 했다. 거의 소거되었던 감각 추구도 다시 생겨났고, 이유 없이 거부하는 것들이 많아지고 그 거부에 대한 표현도 점점 완강해졌다. 한번 떼를 쓰기 시작하면 10분 가까이 그 자리에 앉아 울기도 했다.

이때 우는 아이의 요구를 바로 들어 주지 않고 단호한 태도를 유지하는 것이 중요했다. 아이를 무조건 타이르고 달래기보다는 스스로 감정을 조절할 때까지 같은 자리에서 아무 말 없이 기다려 준 다음 타협점을 찾아 반드시 끝까지 수행하도록 했다. 아이도 지금껏 겪어 본 적 없던 '자기 감정'이라는 것에 익숙해질 시간이 필요하다고 생각했다.

그리고 이 시기에 함께 센터 활동을 하는 부모들과 주말마다 모여서 공동 육아를 했었는데, 100일 도전 초반에 비하면 훨씬 더 또래에게 관심을 보이고 짧게나마 상호 작용 하는 순간이 많아졌다. 또한 엄마 아빠와의 상호 작용을 즐기기 시작하면서 눈 맞춤이 빠르게 향상되었다. 눈 맞춤이 향상되니 행동 모방도 수월해졌다. 간단한 동작은 2~3분 이내에 익혔다. 인지 능력도 향상되어 따로 시키지 않아도 스스로 먹은 것을 싱크대에 넣거나 음식을 흘리면 물티슈를 가져와서 닦고, 옷을 벗어 빨래통에 집어넣는 등의 자발적인 행동들이 늘어났다. 목욕물이 차가우면 온도 조절 레버를 돌려 따뜻한 온도로 맞추었고 바지 주머니에 좋아하는 물건을 집어넣었다.

이렇게 좋아지는 모습과 함께 자폐 성향적 행동들도 순간적으로 다시 늘어난 것 같았다. 감정적인 부분이 좋아지면서 또 다른 감각적인 불안정함이 나타난 것이라고 할 수 있는데 이러한 좋고 나쁨의 패턴은 발달에 있어 항상 동반되는 것 같다.

• 71~80일 차: 급격한 감각들의 변화

어느 날부터인지 모르겠지만 호명 반응이 갑자기 급격하게 좋아졌다. 물론 평상시 대화 톤이 아니라 목소리에 힘을 실어서 강한 톤으로 이야기했을 때 반응이지만 나는 거실에, 아이는 방에 있어도 내 호명에 거실로 달려와 안길 정도가 되었다. 또 '눈치'라는 것이 생겼는지 아이를 불렀을 때 스스로 생각해도 혼날 일이다 싶으면 깜짝 놀라면서 울며 달려왔고, 그렇지 않을 때에는 즉각적으로 반응하지 않고 조금 더 하던 것을 즐기다가 당당하게 와서 안기곤 했다.

가장 좋았던 것은 아이의 즉각적인 행동 모방, 지시 수행 능력이 눈에 띄게 좋아졌다는 점이었다. 몸놀이를 시작하기 전까지만 해도 대표적인 모방 행동인 빠이빠이(손을 흔들며) 같은 손 인사조차 눈앞에서 아무리 해도 따라 하지 않았었는데 이 당시에는 손 인사뿐 아니라 배꼽인사, 사랑해요, 꽃받침 같은 모방 행동들을 이전보다 수월하게 알려 줄 수 있었다. 보통 한 가지 행동을 알려 줄 때 앞에서 보여 주고 아이 손을 잡아 모양을 만들어 주다가 내 음성에 맞춰 아이가 비슷한 행동을 하는 데까지 10분이면 충분했다. 하지만 그 의미를 인지하지 못하고 지시에 의해 하는 일방적인 행동 모방은 원하는 결과가 아니었기에 그 후로 그 상황이 생겼을 때만 함께 해 보며 사용 시기와 방법에도 익숙해지도록 하는 것에 집중했다. 그 노력 때문이었는지 시간이 지나면서 점차 아이 스스로 상황에 맞게 행동하는 법을 알게 되었다.

또 다른 갑작스러운 변화는 머리가 아래로 향하거나 몸을 흔드는 회전 운동 즉, 몸의 위치가 변화하는 몸놀이에 강한 거부 반응을 보이기 시작했다는 점이다. 평소 아주 좋아하던 몸놀이였기에 원인 모를 거부 반응에 답답했다. 전문가는 뇌의 전두엽에 있는 편도체가 발달하면서 공포나 두려움을 심하게 느끼거나 몸의 감각과 감정이 더 섬세해지면서 나타나는 반응이라는 조언을 해 주었다. 이때는 거부하는 것을 무리하게 강행하기보다 아이의 반응을 살피면서 점차 극복해 나갈 수 있게 조절해야 한다고 했다. 이 부분을 주의하며 아이가 거부하는 몸놀이를 매일 조금씩 순서에 넣어 꾸준히 해 나갔다.

• 81~90일 차: 감정은 그대로 남고 감각은 다시 돌아오다

회전 운동 몸놀이를 거부한 지 정확히 일주일이 되던 날, 아이는 그동안 거부했던 몸놀이를 다시 좋아하고 즐기기 시작했다. 한 가지 달라진 점은 이전보다 훨씬 더 이 몸놀이를 좋아하고 심지어 스스로 요구한다는 것이었다. 내려놓으면 달려와서 또 해 달라고 팔을 벌리며 안겼다. 또한 행동 모방이 굉장히 즉각적으로 바뀌었다. 기존에 10분이 걸렸다면 이제는 2~3분 만에 바로 모방이 가능해졌다. 동작도 비교적 정확했다.

그리고 애정이라는 감정이 생겼는지 몸놀이가 끝난 후 계속 안겨 있거나 먼저 신체 접촉을 하는 것에 거리낌이 없었다. 정말 아이에게 애착과 애정이 생겨난 느낌을 받았다. 그 외에도 아이의 표정을 통해 감정을 느낄 수 있게 되었다. 장난기 가득한 표정, 서러운 표정, 화가 난 표정 등 긍정적, 부정적 감정 모두 표정을 통해 느낄 수 있었다. 아이는 하기 싫은 것은 더 완강히 거부했고, 즐거운 것은 폴짝 뛰며 그 즐거움을 만끽했다.

지시 수행이나 호명 반응도 달라진 점이 있었는데, 아이를 부르면 힐끗 바라보고는 도망가듯 일부러 그 자리를 피해 버리거나 아예 무시하는 것 같은 상황이 늘어났다. 전과 다른 점은 예전처럼 반응이 없는 게 아니라 아이가 듣고 있다는 것이 너무나 명확하게 느껴진다는 점이었다. 나는 이것 또한 긍정적으로 받아들이기로 했다. 아이의 자아가 커 가는 과정이라고 생각했다. 안정된 감각은 그대로 유지되고, 감정은 이전보다 발달한 느낌이었다.

• 90~100일 차: 감격의 순간! 아이 스스로 뱉은 첫 마디

아이의 감각과 감정이 발달하면서 자아가 커지고 활발한 상호작용이 이루어지며 자연스럽게 언어가 시작되어야 반향어反響語(상대방이 말한 것을 그대로 따라서 말하는 것)가 없는 자발어가 된다고 믿었기에 그동안에는 아이의 언어에 크게 의미를 두거나 집착하지 않았다. 그러면서도 아이 몸에서 나오는 호흡을 통해 스스로 소리 내는 것은 계속 연습하고자 노력했다. 그러다 '90일 동안 이 정도 변화가 나타났는데 이제 조금은 가능하지 않을까?'라는 기대가 생겼다.

90일 차를 넘기던 날, 아이에게 처음으로 1음절의 짧은 발음 모방을 유도했다. 그 단어는 '물'이었고 말에 대한 욕구를 키우기 위해 아이가 물을 요구하는 상황을 기다렸다. 아이에게 먼저 눈을 맞추며 요구하도록 했다. 아이는 내 눈을 보며 빈 컵을 앞으로 내밀었다. 그리고 같은 상황이 몇 번 반복되자 아이의 욕구는 더 높아졌다. 짜증을 내며 포기하지 않을 정도로 기다렸다가 적절한 타이밍을 잡는 것이 중요했다. 적절한 시기라고 느껴졌을 때 기대하는 단어를 입 모양으로 정확히 만들고 세기를 강조해 말하며 언어 자극을 시도했다.

"목말라? 아 물!이 먹고 싶었구나. 물! 줄까? 이거 물! 맞아? 뭐? 어떤 걸 줄까?"

2~3분 정도 그렇게 자극했던 것 같다. 아이가 입 모양을 '우' 모양으로 만들며 따라 하려고 했다. 나는 손으로 아이 입 모양을 살짝 만들어 주며 계속 자극했다.

"물! 먹고 싶어? 그래, 물! 먹자. 컵에 물! 따라 줄게. 그런데 아빠는 우리 ○○가 뭘 먹고 싶은지 말을 안 해 줘서 잘 모르겠네? 뭐가 먹고 싶다고?"

"무우우."

순간 내 귀를 의심했다. 다시 같은 말을 유도했고 몇 번의 시도 끝에 다시 한번 '물'이라는 말을 들을 수 있었다. 아이 엄마와 함께 어찌해야 할지 모를 만큼 벅차올랐던, 내 아이가 처음으로 '말'을 했던 그 순간은 지금 떠올려도 생생하다. 내 아이도 느리지만 할 수 있다는 생각에 그날 밤 아이 엄마와 많이 울었다. 100일 동안 매일 껴안기, 봄놀이에 도전했던 시간 중 최고의 순간이었다. 우리는 그렇게 100일의 기적을 직접 체험했다.

· 100일 그 후: 우리가 멈추지 않는 이유, 희망

하루가 다르게 발달하는 아이를 보며 고통스럽고 고민스러웠던 지난날의 염려도 점차 희망과 자신감으로 바뀌고 있다. 불과 몇 개월 전만 해도 살아 있는 벽처럼 느껴졌던 아이는 이제 나를 보며 웃어 주기도 하고 먼저 다가와 스킨십을 하기도 한다. 어린이집에서 나와 헤어질 때 손을 흔들어 인사하고 선생님에게 고개 숙여 인사하며 들어가는 인사 방법도 스스로 터득했다. 청각 추구적인 소리 외에 다른 소리는 내지 않던 아이가 요구할 것이 생겼을 때 소리를 내기 시작했다. 스스로 옷을 갈아입고, 밥을 먹고, 손을 씻고, 신발도 신는다. 혼자서 할 수 있는 것이 점점 늘어나면서 아이 스스로도 성취감을 느끼고, 자신감도 생겼다. 무엇보다 아이의 표정이 생기 있고 밝아졌다.

하지만 이제야 방향을 바꿔 다시 앞으로 나아가기 위한 출발점에 섰을 뿐이다. 아이가 자폐 성향에서 완전히 벗어나고 평범한 또래 수준을 따라잡기 위해서는 더 부지런히 달려가야 한다. 때로 길에서 만나는 또래 아이들의 모습에 주눅 들기도 하고 혼자만의 세상에서 나오기 위해 매일 울며 발버둥 치는 아이를 보면서 속상할 때도 있다. 하지만 내 아이를 믿기에, 그리고 내 아이의 잠재력은 무한하다고 생각하기에 나는 우리 아이가 자폐 성향을 반드시 이겨 낼 것이라 믿는다.

나는 앞으로도 몸놀이를 절대 멈추지 않을 것이다. 아이가 호전되어 자폐 진단에서 완전히 벗어나더라도 말이다. 나는 아이와 계속해서 살과 살을 맞대고 함께 시간을 보내며 자연 속에서 다양한 것을 직접 경험하게 해 줄 것이다. 아이의 발달에 가장 좋은 것은 '사람'이고 아이의 첫 타인은 부모라는 것을 이 도전을 통해 절실히 깨달았기 때문이다.

우리 아이
몸놀이 대백과

다리 구부려 배 누르기

연령 : 생후 3개월부터 가능

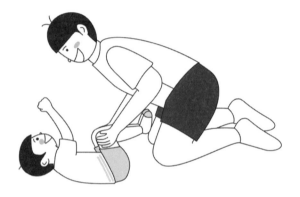

| 쑥쑥 크는 몸놀이 효과 | • 호흡이 길어지고 발성에 힘이 생깁니다.
• 신체 접촉면이 넓고 관절 구부림이 많아 감각 통합에 효과적입니다.
• 관절을 앞뒤로 움직여서 복압을 높여 주어 코어 근력이 향상됩니다.
• 골반 관절을 좌우로 움직여 골반 교정에 효과적이며 기초반사에 해당하는 몸통 회전 반사가 적절히 반응하게 됩니다. |

<table>
<tr>
<td>몸놀이
방법</td>
<td>

1. 아이를 바닥에 눕힙니다.
2. 다리를 모아서 몸통 쪽으로 구부리며 눌러 줍니다.
3. 아이와 눈을 맞추고, 다리에 충분한 무게감을 느낄 수 있게 꾹 눌러 줍니다.
4. 다리를 몸통 쪽으로 눌러 준 상태에서 몸통과 다리가 좌우로 왔다 갔다 움직이게 합니다.

</td>
</tr>
<tr>
<td>몸놀이
+
언어놀이</td>
<td>

- (다리를 누르며 미소를 띠고 밝고 명랑한 목소리로) "꾸~~우~~욱!"
- (다리를 배쪽으로 서서히 밀며) "간다간다~ 다리가 배 쪽으로 간다!"
- (다리 전체를 아래로 당기면서) "다리가 쭉쭉 길어지네~ 쭈욱~ 쭈욱!"
- (다리를 구부려서 골반 오른쪽, 왼쪽으로 기울이면서) "흔들흔들! 왔다 갔다! 오른쪽 왼쪽!"

</td>
</tr>
<tr>
<td>몸놀이
플러스 팁</td>
<td>

- 다리를 구부려 배 쪽으로 누를 때 5~7초 단위로 얼굴이 발그레해질 정도로 여유 있게 눌렀다가 풀어 줍니다.
- 다리를 구부리지 않고 뻗는 아이라면(낯선 감각 수용 회피), 한쪽 다리부터 단계적으로 시도합니다.
- 아이가 배에 힘을 주는지, 다리를 적절히 구부리고 바깥쪽으로 뻗는지, 집중해서 힘을 잘 사용하는지를 관찰합니다.

</td>
</tr>
</table>

비행기 태우기

연령 : 생후 6개월 (목을 완전히 가누고 난 후)부터 가능

무릎 구부리고

무릎 펴고

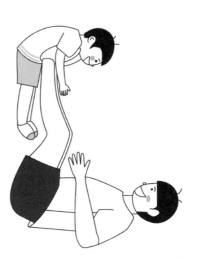

느리고 서툰 아이 몸놀이가 정답이다

쑥쑥 크는 몸놀이 효과	• 몸이 붕 뜨면서 중력감을 느낄 때 몸의 감각에 집중하게 됩니다. • 자연스럽게 부모와 눈을 마주치며 소통하게 됩니다. • 배에 힘을 주게 되어 내장 감각과 코어 근육이 발달하고, 균형 감각이 좋아십니다.
몸놀이 방법	1. 아이를 부모 다리에 태우고 다리를 올려 아이 몸을 공중으로 띄웁니다. 2. 몸이 띄워진 상태에서 눈을 마주치고, 배 쪽을 계속 밀어 줍니다. 3. 아이의 몸을 앞뒤, 좌우로 조금씩 흔들면서 감각의 영역(위치감, 회전감, 진동감)을 넓혀 줍니다.
몸놀이 + 언어놀이	• (다리에 태워 올리면서) "슝~ 비행기 출발! 와~ 난다 난다!" • (다리에 태워 오르락 내리락 하면서) "올라갑니다~ 이제 내려옵니다." • (비행기 탄 상태에서 양쪽으로 흔들면서) "흔들흔들 움직이네~"
몸놀이 플러스 팁	• 아이가 심하게 버둥거려 불안정하다면 손으로 아이의 어깨를 잡고 놀이합니다. • 아이가 원한다면 위치와 자세를 바꾸면서 해도 좋습니다. • 아이가 7세 이상이라면 역할을 바꿔 부모를 비행기 태우는 기회를 주어도 좋습니다.

레슬링

연령 : 12개월 이후 전 연령 가능

**쑥쑥 크는
몸놀이
효과**

· 관절을 구부렸다가 힘 있게 뻗으면서 고유 감각이 자극되고 발달됩니다.

· 손과 팔로 자신의 몸을 끌어내는 동작을 하면서 손 상동행동 소거에 도움이 됩니다.

· 팔로 당기고 다리는 뻗으면서 빠져나올 때 신체의 움직임이 연결되고 감각 통합이 됩니다.

몸놀이 방법	1. 레슬링의 파테르 자세(아이의 배와 허벅지가 바닥에 닿게 엎드리고, 그 위에 부모가 같은 자세로 아이 몸을 감싼 자세)를 취합니다. 2. 아이의 등과 엉덩이 쪽을 부모의 체중을 실어 눌러 줍니다. 3. 아이가 손과 팔의 힘으로 자신의 몸을 끌어 앞쪽으로 빠져나가게 합니다.
몸놀이 + 언어놀이	• (아이의 몸을 감싸며) "잡았다." • (빠져나오는 아이를 보며) "와~ 힘세다. 잘한다! 최고! 짱!" • (빠져나오고 나서) "진짜 멋졌어! 자, 하이파이브!"
몸놀이 플러스 팁	• 손, 팔, 어깨, 허리, 골반, 몸통, 다리 등이 골고루 접촉되고, 힘 있게 움직일 수 있어야 합니다. • 아이가 너무 쉽게 빠져나오지 않게 아이 몸을 잘 잡고 기다려 주는 것이 중요합니다. • 아이가 움직이면서 자신의 몸을 볼 수 있어야 하므로 엎드린 자세에서 포복 기기로 앞을 향해 빠져나오도록 합니다. • 아이가 자신의 힘을 써서 빠져나오며 성취감을 느끼도록 중간에 포기하지 않게 아낌없는 칭찬과 격려를 해 줍니다.

거꾸로 시계추

연령 : 12개월 이후부터 7세 이하까지 가능

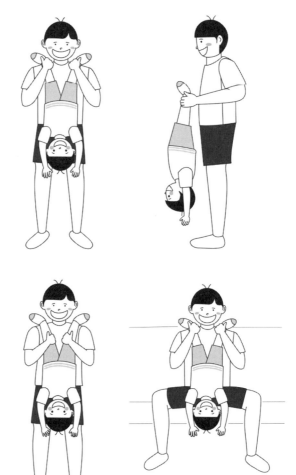

발목 잡고 시계추

다리를 감싸 잡고

소파에 앉아서 거꾸로

느리고 서툰 아이 몸놀이가 정답이다

쑥쑥 크는 몸놀이 효과	• 혈액순환과 관절의 이완을 도와줍니다. • 몸이 거꾸로 되면서 중력감을 느끼게 됩니다. • 거꾸로 보고 움직이는 경험을 통해 폭넓은 감각 자극을 받게 됩니다. • 머리의 위치와 움직임이 달라져 머리를 지탱하는 목의 근 긴장도가 높아지고 목과 그 주변 신체의 감각 수용이 증가합니다.
몸놀이 방법	1. 아이의 발목을 잡고, 아이의 몸이 아래쪽으로 향하게 합니다. 2. 아이의 다리를 팔 전체로 감싸 잡고, 몸을 거꾸로 듭니다. 3. 거꾸로 든 상태에서 살짝 좌우로 움직이게 흔듭니다.
몸놀이 + 언어놀이	• (아이 몸을 거꾸로 들며) "어때? 세상이 거꾸로 보이지?" • (거꾸로 든 상태에서 흔들어 주면서) "왔다 갔다! 흔들흔들!" • (아이를 바닥에 내려놓으며) "이제 내려갑니다. 착륙 성공!"
몸놀이 플러스 팁	• 아이의 머리만 움직이면 안 되고 몸 전체가 같이 움직여야 합니다. • 아이의 저항이 적은 거꾸로 자세부터 조금씩 시작합니다. • 거꾸로 자세는 한 번에 1분 이내로 끝냅니다. 아이의 상황을 보면서 시간을 조절해 보세요. • 부모도 물구나무서서 거꾸로 움직여 아이와 함께해 보세요. • 7세 이상이라면 아이 스스로 물구나무서기를 해 보는 것도 좋습니다.

떡 사세요

연령 : 생후 12개월 이후부터 전 연령 가능

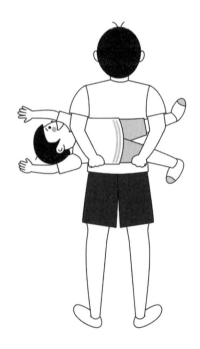

느리고 서툰 아이 몸놀이가 정답이다

쑥쑥 크는 몸놀이 효과	· 몸이 옆으로 눕혀진 채 공중에 붕 뜨면서 새롭고 다양한 위치감과 중력감을 경험하게 됩니다. · 상체 쪽이 더 무거우므로 아래쪽으로 떨어지려는 상체를 들어 올리고자 상체에 힘을 쓰고 주의를 기울이게 됩니다. · 떨어지지 않으려고 스스로 엄마 아빠를 힘 있게 꽉 잡기 때문에 악력이 좋아지고, 신체 조절 능력이 향상됩니다.
몸놀이 방법	1. 부모 팔로 아이 등을 감싸면서 옆구리 쪽에 팔을 넣어 잡아당겨 안습니다. 2. 아이 몸통이 부모 등에 가로로 위치하게 아이 몸을 올립니다. 3. 한 팔은 아이의 겨드랑이를, 다른 팔은 아이의 다리를 껴안습니다. 4. '떡 사세요' 자세에서 여기저기 움직이거나 뱅글뱅글 돕니다.
몸놀이 + 언어놀이	· (떡 사세요 자세를 취하면서) "우리 OO(아이 이름)이에요. 예쁘고 사랑스러운 OO이에요." · (떡 사세요 자세로 다른 가족들에게 가서) "안녕하세요. 전 OO예요~" · (뱅글뱅글 돌면서) "뱅글뱅글 돈다. 아~ 어지러워."
몸놀이 플러스 팁	· 아이의 상체가 하체보다 무거우므로 근력이 더 강한 손으로 아이의 상체를 잡습니다. · 내려놓을 때는 다리 쪽부터 놓아 주는 것이 안전합니다.

발등 위 걷기

연령 : 생후 12개월 이후부터 가능

마주 보고

같은 방향 보고

느리고 서툰 아이 몸놀이가 정답이다

쑥쑥 크는 몸놀이 효과	• 부모와 접촉하며 다양한 움직임, 속도, 방향 등을 경험합니다. • 까치발 습관 소거에 효과적입니다. • 함께 걸으면서 균형적이고 리듬감 있는 움직임을 경험해 두뇌 발달 에 도움을 줍니다.
몸놀이 방법	1. 부모 발등 위에 아이의 발을 올려놓고 아이가 팔을 들어 부모의 손을 잡게 합니다. 2. 서로의 발걸음을 느끼며 한발 한발 함께 춤추듯이 움직입니다. 3. 다양한 방향으로 발맞추며 이동합니다.
몸놀이 + 언어놀이	• (발등에 아이를 태운 뒤) "자 이제 출발합니다! 하나둘! 하나둘! 잘한다!" • (리듬감 있게 앞으로 움직이면서) "앞으로 앞으로 씩씩하게 걸어요." • (방향을 다양하게 바꾸면서) "뒤로 뒤로! 옆으로! 빙글빙글 돌면서!" • (속도를 조절하면서) "토끼처럼 빠르게 갑니다. 다다다다다! 거북이처 럼 천천히 가요. 느릿느릿, 엉금엉금."
몸놀이 플러스 팁	• 서로의 발뿐만 아니라 몸과 몸 전체의 접촉이 최대한 많아야 합니다. • 아이가 부모의 몸을 잡도록 유도하며 활동합니다. • 다양한 방향과 속도로 몸놀이를 확장하되 어떤 방향, 어떤 속도로 할 지 아이와 상호 작용하면 더욱 좋습니다.

뒤로/옆으로 움직이기

연령 : 걷기 시작한 이후 전 연령 가능

뒤로 움직이기

옆으로 움직이기

쑥쑥 크는 몸놀이 효과	• 뒤나 옆으로 걸으면서 주변 공간에 대한 주의가 열립니다. • 익숙하지 않은 방향으로 움직이며 자신의 몸에 집중하게 되기에 시각, 청각 자극 주구에서 몸의 감각 중심으로 건킹한 주의 휜기기 이루어집니다.
몸놀이 방법	1. 일상에서 했던 활동들의 방향을 '뒤'로 바꾸어 봅니다. (예: 뒤로 걷기, 무릎으로 뒤로 걷기, 앉아서 엉덩이 끌면서 뒤로 움직이기, 네 발로 뒤로 기어가기, 뒤로 한 발 깽깽이 뛰기, 누워서 발로 밀어서 뻗어 가기 등) 2. "뒤로 걸어요. 뒤로 뒤로!"와 같이 구호를 맞춰 주면서 뒤쪽 방향에 대한 인지적 개념을 가르쳐 줍니다.
몸놀이 + 언어놀이	• (뒤로 가면서) "뒤로 가니까 더 재밌다." • (옆으로 가면서) "꽃게처럼 옆으로 옆으로!" • (활동 시간을 조금 더 늘리면서) "조금만 더! 한 번 더! 마지막!"
몸놀이 플러스 팁	• 뒤로 움직일 때 사물이나 벽에 부딪힐 수 있으니 위험한 것들은 치우고 활동을 시작합니다. • 뒤로 움직이다가 금세 앞으로 자세가 바뀔 수 있으니 부모가 아이의 손이나 몸을 잡고 뒤로 움직이는 상태가 유지되도록 합니다.

(8)

앞 구르기

연령 : 생후 12개월부터 전 연령 가능

쑥쑥 크는 몸놀이 효과	· 다양한 몸의 움직임을 경험하며 감각 발달이 촉진됩니다. · 회전감, 중력감, 속도감을 경험하며 신체 균형 감각이 향상됩니다. · 신체 부위들이 연결되어 움직이는 경험을 통해 몸의 동작이 연결되고, 뇌의 건강한 신체 시도 형성에 도움을 줍니다.
몸놀이 방법	1. 아이가 선 상태에서 양팔을 바닥에 닿도록 하고, 머리를 숙여 정수리가 지면에 닿도록 합니다. 2. 앞 구르기가 익숙하지 않은 아이라면 부모가 아이 뒤통수와 뒷목을 잘 잡아 준 상태에서 아이의 몸이 앞으로 굴러갈 수 있게 합니다. 3. 요령이 생기도록 아이가 스스로 해 보는 기회를 줍니다.
몸놀이 + 언어놀이	· (자세를 취하면서) "바닥에 손 짚고, 머리를 대고! 그렇지 잘한다." · (아이가 앞 구르기 할 때) "오~ 예! 성공!" · (아이가 여러 번 구를 때) "데굴데굴~ 데굴데굴~ 와 잘한다!"
몸놀이 플러스 팁	· 연령이 낮거나 앞 구르기가 처음인 아이라면 다치지 않도록 반드시 아이의 뒤통수를 잘 받쳐 주며 자세를 잡아 주어야 합니다. · 몸을 구부리는 것에 저항이 있는 아이들은 몸을 동그랗게 말아서 구르지 못하는 경우가 있습니다. 이때는 바닥에 매트나 완충제를 깔고 활동합니다. · 목이 꺾이지 않게 머리를 잘 받쳐 주면서 앞으로 넘어가도록 합니다.

옆 구르기

연령 : 생후 6개월부터 전 연령 가능

혼자 옆 구르기

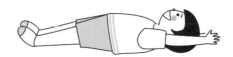

둘이 껴안고
옆 구르기

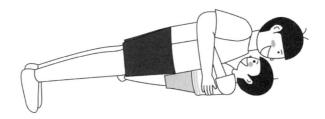

손잡고 함께 옆 구르기

느리고 서툰 아이 몸놀이가 정답이다

쑥쑥 크는 몸놀이 효과	• 온몸이 돌려면 몸통을 회전해야 하기에 회전 감각이 발달하고 몸통 전반의 근력이 향상됩니다. • 위치감, 회전 삼각을 경험하며 몸의 감깍에 흥미롭게 집중할 수 있습 니다. • 지면과 몸 전체의 접촉면이 넓어 풍성한 감각 수용이 이루어집니다.
몸놀이 방법	1. 아이를 바닥에 눕혀 옆으로 데굴데굴 구르게 합니다. 2. 아이 혼자 구르게 하거나 잔디밭 언덕 같은 약간 경사진 곳에서 함께 구릅니다. 3. 부모와 누워서 껴안고 구르거나 머리를 맞대고 누워서 서로 손을 맞 잡은 상태에서 구릅니다.
몸놀이 + 언어놀이	• (누워서 서로를 안으면서) "사랑하는 만큼 꽈악! 꽉! 안아줘." • (옆으로 구르면서) "엄마가 넘어갈게. 이번에는 OO가 구르세요." • (방향을 가리키면서) "저쪽 끝까지 데굴데굴 출발!"
몸놀이 플러스 팁	• 아이가 잠깐 한 바퀴 정도 구르다가 바로 일어나려는 경우가 있는데, 적어도 서너 바퀴 이상 연속으로 구르는 게 좋습니다. • 주변에 부딪힐 만한 물건을 치우고, 넓은 곳에서 진행합니다.

회전 풍차

연령 : 생후 12개월 이후부터 전 연령 가능

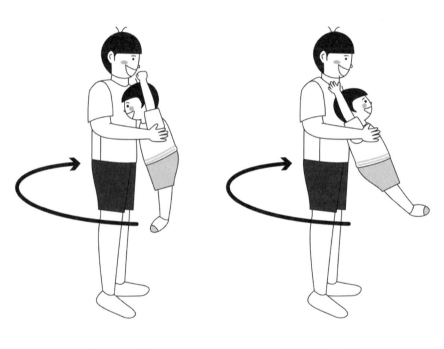

마주 보고 돌기   같은 방향 보며 돌기

느리고 서툰 아이 몸놀이가 정답이다

쑥쑥 크는 몸놀이 효과	• 원심력과 회전 감각을 같이 경험하게 됩니다. • 어지럽고 흔들거리는 몸의 중심을 잡으며 균형 감각이 발달합니다.
몸놀이 방법	1. 팔과 손으로 아이 배 쪽을 감싸 안습니다. 2. 팔과 손이 아이의 겨드랑이를 통과해서 배 쪽을 감싸 안은 자세로 아이를 들어 올리고, 함께 뱅글뱅글 돕니다. 3. 회전하면서 팔을 위아래로 움직여 원심력을 더 가해 줍니다.
몸놀이 + 언어놀이	• (아이를 안고 자세를 취하면서) "자~ 이제 출발합니다. 준비! 시~작!" • (뱅글뱅글 돌면서) "슈웅! 슝슝! 하나 둘 셋 넷 다섯 여섯 일곱 여덟 아홉 열!" • (놀이를 마치고) "아이고, 어지러워. 눈앞이 헤롱헤롱! 몸이 휘청휘청하네."
몸놀이 플러스 팁	• 아이와 함께 돌 때 너무 어지러우면 어지러움을 덜 타는 가족이 진행합니다. • 연령에 따라 속도나 흔들림 정도를 조절해서 진행합니다. • 함께 돌다가 아이가 흥미가 생겨서 혼자 뱅글뱅글 도는 모습을 보일 수 있습니다. 이때 아이에게 자폐 성향이 생긴 것은 아닌지 걱정하지 않아도 됩니다. 자폐 성향이 있는 아이가 뱅글뱅글 도는 것은 시각 자극을 추구하는 것이고, 몸놀이 하면서 뱅글뱅글 도는 것은 몸의 회전 감각을 더 경험하려는 것이기 때문입니다.

11

매달리기

연령 : 생후 12개월 이후부터 전 연령 가능

원숭이처럼 매달리기
(마주 보고 목이나 팔에)

코알라처럼 매달리기
(어부바하듯이 뒤에서)

무릎 밟고 매달리기
(마주 보고 아이가 부모의
무릎을 밟고)

쑥쑥 크는 몸놀이 효과	• 양손을 협응해 매달리면서 근력이 좋아집니다. • 관절이 당겨지고 근육에 힘이 들어가면서 고유 수용성 감각이 발달합니다. • 능동적 사세를 취하며 싱취감과 자신감이 높아집니다.
몸놀이 방법	1. 아이를 안아 주며 목을 잘 잡으라고 한 뒤 서서히 손을 놓아 아이가 매달리게 합니다. 2. 아이가 잘 매달려 있다면 더 꽉 매달리게 몸을 흔들어서 긴장도를 높입니다. 3. 매달리다가 떨어지면 다시 여러 번 시도합니다.
몸놀이 + 언어놀이	• (아이를 받치던 손을 놓으면서) "자! 이제 엄마가 손 놓는다! 이제는 안 잡아 준다…… 손 놨다!" • (아이가 매달려 있는 상황에서) "와~ 대롱대롱 매달렸네. 꽉 잡아!" • (조금 더 긴장감을 주기 위해 몸을 움직이면서) "이제 아빠가 움직일 거야. 흔들흔들! 왔다 갔다! 떨어질지도 몰라. 꽉 잡아!"
몸놀이 플러스 팁	• 아이가 매달렸다가 떨어져도 안전한 곳에서 실시합니다. • 아이가 손과 팔에 힘을 주지 않는다면 손과 팔을 힘 있게 주물러 준 뒤 다시 실시합니다. • 앞에서 매달리기에 익숙해지면 뒤에서 매달리기, 무릎 밟고 매달리기 등 다양하게 응용하여 놀이합니다.

12

손뼉치기

연령 : 생후 6개월 이후부터 전 연령 가능

손 마주 잡기

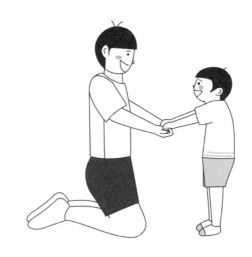

손뼉 치기

느리고 서툰 아이 몸놀이가 정답이다

쑥쑥 크는 몸놀이 효과	• 손과 팔의 움직임을 마주하고 서로 함께 움직이면서 모방 능력이 좋아집니다. • 손의 움직임과 활동 반경, 힘의 세기를 몸으로 체득할 수 있습니다. • 리듬에 맞춰 손을 함께 마주치면서 손을 사용하는 데 흥미가 생기고, 즐거움을 느낄 수 있습니다. • 몸의 움직임에 따라 어떤 소리가 나는지 이해하게 되고, 소리 인지가 향상됩니다. • 손 상동행동 소거에 도움이 됩니다.
몸놀이 방법	1. 손을 마주 잡고, 흔들고, 손바닥을 칩니다. 2. 익숙하고 쉬운 노래에 간단한 손뼉치기 동작으로 놀이를 합니다. 　(예: 내 양손을 마주친 뒤 상대방 손바닥을 치는 것을 반복) 3. 아이가 노래에만 집중한다면 노래에 음률을 빼고 리듬감만 넣어서 랩처럼 부르면서 진행합니다.
몸놀이 + 언어놀이	• (손뼉을 치며) "짝짝 짝짝짝 짝짝짝짝!" • (엄마 아빠 손을 치도록 유도하며) "여기 짝! 그렇지! 옳지! 와~ 잘한다!" • (함께 손을 마주치며) "잘! 햇! 다! 최! 고! 다!"
몸놀이 플러스 팁	• 아이의 시선이 어디 있는지 살피고 손에 집중하게 합니다. • 짝짝! 탁탁! 마주치는 소리가 날 정도로 강하게 손뼉을 칩니다.

(13)

전기 놀이

연령 : 생후 6개월부터 전 연령 가능

느리고 서툰 아이 몸놀이가 정답이다

쑥쑥 크는 몸놀이 효과	• 손 접촉과 자극을 통해 뇌 발달이 촉진됩니다. • 손의 악력이 좋아지고, 소근육 발달이 향상됩니다. • 손을 흔들거나, 털거나, 물건을 계속 쥐고 있으려는 상동행동 소거에 매우 효과적입니다.
몸놀이 방법	1. 손끝, 손가락 마디, 손가락을 힘 있게 꽉꽉 누릅니다. 손끝부터 눌러 가며 손목까지 이릅니다. 2. 손목을 꽉 잡아서 손가락 쪽 혈액 공급을 일시적으로 조금 느려지게 합니다. 3. 아이 손바닥을 탁탁 치고 손을 오므렸다 폈다 하면서 손가락을 쭉쭉 당깁니다. 4. 아이의 손이 하얗게 되면 아이의 주의를 끈 다음 "전기 온다~"라고 말하며 손을 놔 줍니다.
몸놀이 + 언어놀이	• (손을 잡으면서) "여기 봐~ 손이 점점 하얗게 변한다. 오~ 신기해!" • (손가락을 하나씩 가볍게 당기면서) "손가락이 길어지나? 쭉쭉~ 오~ 길 어진 것 같은데?" • (손바닥을 치면서) 탁탁탁 (주먹으로 치면서) 쿵쿵쿵 (마지막에 전기가 올 때) "오~ 찌릿찌릿하지? 신기해. 재밌다!"
몸놀이 플러스 팁	• 아이가 손의 감각에 집중할 수 있도록 꽤 힘 있게 잡고 눌러 줍니다. • 부모가 손을 잡아도 시선이 다른 데로만 가고 시각 추구를 한다면 손 끝 쪽을 꾹꾹 힘 있게 눌러 주면서 시각 추구가 중단되도록 주의를 환기해 줍니다.

14

자전거 타기

연령 : 생후 6개월부터 전 연령 가능

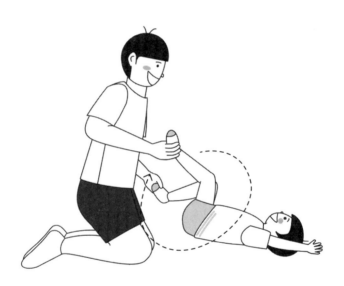

느리고 서툰 아이 몸놀이가 정답이다

쑥쑥 크는 몸놀이 효과	• 다리를 평소보다 더 큰 반경으로 움직일 수 있습니다. • 각각의 신체 부위가 다양한 위치감을 섬세하게 느낄 수 있습니다. • 까치발 습관 소거에 효과적입니다.
몸놀이 방법	1. 기저귀 갈 때처럼 아이를 바닥에 누입니다. 2. 아이의 양다리를 양손으로 잡고 움직여 줍니다. 3. 아이의 양다리를 동시에 위아래로 움직여 줍니다. 4. 아이의 양다리를 위아래로 번갈아 가면서 자전거 타듯이 움직여 줍니다. 5. 아이의 양다리를 동시에 좌우로 움직입니다.
몸놀이 + 언어놀이	• (자세를 취하면서) "따르릉따르릉 자전거가 출발합니다." • (다리를 구르면서) "하나둘, 하나둘! 와~ 자전거 잘 탄다~" • (속도 변화를 주면서) "이제 빨리 갑니다. 하나둘, 하나둘! 이제 천천히 갑니다. 하나~둘! 하나~둘!"
몸놀이 플러스 팁	• 아이가 다리를 뻗으며 저항하더라도 조금씩 함께 움직입니다. 감각 발달과 감각 통합을 위해서는 함께 접촉해서 움직여야 합니다. • 동작의 반경이 큼직큼직해야 뇌의 신체 지도가 건강하게 형성됩니다. • 관절이 천천히 늘어났다가 구부러지게 다리를 천천히 늘렸다가 당겨 줍니다. 갑자기 세게 하지 않고 여유 있게 하면 됩니다.

15

말 태우기

연령 : 생후 12개월부터 전 연령 가능

말 태우기

로데오 놀이

느리고 서툰 아이 몸놀이가 정답이다

쑥쑥 크는 몸놀이 효과	• 흔들리는 부모의 몸을 통해 진동감을 느낄 수 있습니다. • 부모 몸에서 힘을 느끼고, 힘에 대해 알아 가게 됩니다(신체 인지). • 몸을 맞대고 상호 작용을 하며 몸놀이에 흥미와 재미를 느끼게 됩니다.
몸놀이 방법	1. 부모가 손과 무릎을 바닥에 대고 엎드린 상태에서 등 위에 아이가 앉도록 합니다. 2. '다그닥 다그닥 이랴~' 하는 소리를 내며 몸을 움직입니다. 3. '이히히히히힝~' 말 울음 소리를 내며 몸을 일으킵니다. 이때 아이가 부모에게 매달리거나 부모 옷 또는 몸을 꽉 붙잡아 균형을 유지하게 합니다.
몸놀이 + 언어놀이	• (아이의 흥미를 끌면서) "히이이이~잉! 아빠 말이에요." • (아이를 등에 태우고) "다그닥 다그닥" • (아이를 태우고 몸을 흔들면서) "우리 말 타고 어디 갈까? OOO으로 출발! 히이이이잉~ 도착했습니다."
몸놀이 플러스 팁	• 누워서, 앉아서, 앞 방향, 뒷 방향, 옆 방향 등 다양한 방법으로 놀이해 보세요. • 말을 태울 때 부모가 계속 장소를 이동하면서 움직이면 무릎이 아플 수 있으니 쿠션을 두고 제자리에서 앞, 뒤, 좌, 우로 흔들고 로데오처럼 움직이는 게 좋습니다. • 아이가 등 위에 편하게 앉아 있게만 하지 말고 약간씩 흔들고 움직이면서 아이가 집중하고, 몸에 적절한 긴장감이 생기도록 해야 합니다.

(16)

다리 의자, 다리 미끄럼틀

연령 : 생후 6개월부터 7세 이하까지 가능

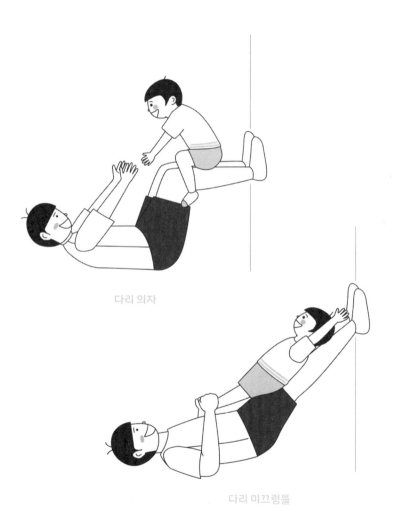

다리 의자

다리 미끄럼틀

느리고 서툰 아이 몸놀이가 정답이다

쑥쑥 크는 몸놀이 효과	· 누워서 하는 놀이기 때문에 상대적으로 편하게 몸놀이를 할 수 있고, 체력 소모가 적습니다. · 부모의 움직임에 따라 놀이가 달라지는 것에 재미를 느껴 부모의 몸 동작에 더 관심을 갖고 관찰하며 모방 능력이 향상됩니다. · 부모와 자신의 다리 길이를 비교하며 '길다', '짧다'의 인지적 개념이 형성됩니다. 또한 부모 다리 위에서 움직일 때 '높다', '낮다'의 개념을 인지하면서 신체 인지력이 향상됩니다.
몸놀이 방법	1. 다리를 벽 쪽에 대고 엉덩이를 벽으로 가까이 해서 눕습니다. 2. 벽 가까이 누운 상태에서 다리를 구부려 의자 모양을 만든 뒤 아이 를 앉힙니다. 이때 아이가 부모와 얼굴을 마주 보며 눈을 마주치게 됩니다. 3. 구부러져 있는 다리를 벽 쪽으로 쭉 뻗어 아이가 미끄럼틀 타듯 내려 오게 합니다.
몸놀이 + 언어놀이	· (엄마 다리 위에 아이를 앉힌 후) "야~호~ 해 볼까?" · (다리를 조금씩 움직이면서) "의자가 움직입니다. 흔들흔들! 씰룩씰룩! 꽉 잡아요!" · (다리를 뻗어 미끄럼틀을 태우며) "하나, 둘, 셋! 슈웅~ 미끄러집니다~ 엄마 배로 도착!"
몸놀이 플러스 팁	· 등이 배기거나 몸이 바닥으로부터 밀리지 않게 침대나 매트 위에서 하세요. · 아이가 다리 미끄럼틀로 내려올 때 배에 힘을 충분히 주어야 합니다.

17

몸 터널 통과하기

연령 : 기기 시작한 후부터 전 연령 가능

무릎을 세워
구부린 자세

바닥에 무릎 대고
엎드린 자세

쑥쑥 크는
몸놀이
효과

• 좁은 공간에 맞춰 신체를 움직이면서 자신의 신체 위치와 크기, 부피
등에 대한 인지적 개념이 형성됩니다.

• 위치, 높이, 방향을 조절해 가며 몸을 사용하기 때문에 운동 능력이
좋아집니다.

• 고개를 숙이고 복부에 힘이 들어가면서 언어 발화 시 성량이 커지고 호흡이 길어져 언어 발달을 돕습니다.

몸놀이 방법	1. 무릎 세워 엎드린 자세를 유지하고 아이가 그 몸 사이를 통과하게 합니다. 2. 옆으로, 앞에서 뒤로, 뒤에서 앞으로 등 다양한 방향으로 통과하게 합니다. 3. 아이의 자세 또한 다양해야 합니다. 네 발로 통과, 엎드려서 통과, 누워서 통과, 다리부터 통과, 포복으로 기면서 통과 등 다양한 자세로 놀이하게 합니다.
몸놀이 + 언어놀이	• (터널을 통과하는 아이에게) "영차영차! 잘한다." • (포복으로 기어 통과하는 아이에게) "엉금엉금! 빠져나와~! 지렁이처럼 꿈틀꿈틀!" • (터널을 통과한 아이에게) "최고! 진짜 잘한다! 멋져! 짱!"
몸놀이 플러스 팁	• 몸 터널 통과 시간이 길지 않으므로 아이가 부모의 몸을 통과할 때 몸 위치를 낮춰 부모 몸의 무게가 아이의 몸에 실리게 해 주세요. 아이가 쉽게 빠져나오지 않고 몸 구석구석 세세하게 움직이면서 빠져나오게 해야 합니다. • 몸의 접촉이 많아지다 보면 살이 쓸릴 수도 있으니 놀이 시 부드럽고 편안한 옷을 입는 것이 좋습니다.

18

전갈 놀이

연령 : 생후 18개월부터 전 연령 가능

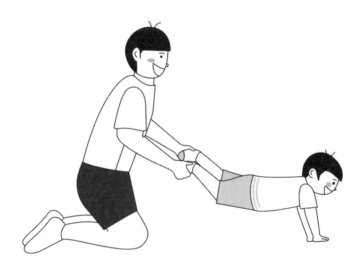

느리고 서툰 아이 몸놀이가 정답이다

쑥쑥 크는 몸놀이 효과	• 손과 팔의 근력이 향상됩니다. • 손을 보면서 움직임이 이어지기에 눈과 손의 협응에 도움이 됩니다. • 접촉면이 넓고, 손바닥 전체에 힘이 들어가 압박과 진동감이 전해지기 때문에 소근육과 손 감각 발달에 매우 효과적입니다.
몸놀이 방법	1. 아이가 엎드린 상태에서 팔로 몸을 지탱하게 세워 두고, 부모는 아이의 다리를 들어 줍니다. 2. 아이가 손과 팔을 움직여서 앞과 옆으로 전진하게 합니다. 3. 장애물 넘기, 줄 넘기, 앞에 있는 물건 지나가기, 계단 오르기 등 다양한 방식으로 시도합니다.
몸놀이 + 언어놀이	• (자세를 잡고 시작하면서) "앞으로 추~울~발!" • (아이 움직임에 구호를 붙여서) "하나둘, 하나둘 잘한다!" • (방향과 목적지를 말하며) "오른쪽으로 갑니다! 왼쪽이요. 저~기 화장실까지요."
몸놀이 플러스 팁	• 다리를 높게 잡을수록 팔과 손으로 지탱하기가 어렵습니다. 연령이 낮거나 팔 근력이 부족한 아이는 다리를 낮게 잡아 주세요. • 팔에 힘이 부족해지면 얼굴이 바닥에 부딪힐 수 있으니 바닥이 폭신한 곳에서 놀이하는 게 좋습니다. • 아이가 손바닥으로 바닥을 짚으려 하지 않으면 아이 손을 바닥에 대고 부모 손으로 눌러서 손에 힘이 들어가게 하는 것부터 시작합니다.

19

오토바이

연령 : 생후 24개월부터 8세 이하까지 가능

무릎 위에 올라서서
자세 유지하기

부모 몸을 올라타서
한 바퀴 돌기

느리고 서툰 아이 몸놀이가 정답이다

쑥쑥 크는 몸놀이 효과	· 발로 밟고 손으로 끌어서 신체 위치와 자세가 바뀌는 경험을 통해 몸의 감각을 이해하고 조절할 수 있습니다. · 부모가 자세를 유지한 상태에서 아이가 부모 위로 올라가고 그 안에서 한 바퀴 돌면서 큰 성취감을 느끼고 몸을 쓰는 활동에 자신감이 커집니다. · 신체와 신체를 연결해 사용하면서 신제 인지가 향상되고 김긱 통힙이 이루어집니다.
몸놀이 방법	1. 다리를 살짝 구부려서 계단 모양처럼 만듭니다. 2. 아이가 부모 손을 잡고 계단 모양의 다리를 밟고 일어서면 오토바이 타는 자세가 됩니다. 3. 아이 몸을 잡고, 아이가 팔을 편 상태로 자세 균형이 유지되도록 몸놀이 합니다. 4. 바닥에 착지할 때는 아이 손을 잡고 아이가 부모 다리와 배를 밟고 거꾸로 돌아서 내려오게 합니다.
몸놀이 + 언어놀이	· (자세를 취하는 과정을 설명하면서) "아빠 무릎 위에 올라와! 아빠 손 잡고, 무릎을 밟고, 일어서!" · (오토바이 자세를 잡고) "부릉부릉~" · (한 바퀴 돌 때) "뱅그르르 돌았다! 와~ 성공!"
몸놀이 플러스 팁	· 잘 벗겨지지 않고 미끄럽지 않은 재질의 옷을 입고 놀이합니다. · 고도의 집중이 요구되는 활동이므로 중간중간 "잘한다. 아자! 하나, 둘!"과 같은 기합과 격려를 해 줍니다.

20

다리 매달려서 움직이기

연령 : 생후 18개월부터 10세 이전까지 가능

앉아서 온몸으로
다리에 매달리기

누워서 손으로
다리 잡아 매달리기

다리를 걸어서
매달리기

쑥쑥 크는 몸놀이 효과	• 아이가 부모 다리를 잡고 매달리면 재미난 기구를 타는 기분이 들어 쉽고 유쾌한 몸놀이가 됩니다. • 양발과 양나리를 협응하는 기회가 됩니다.
몸놀이 방법	1. 아이를 다리에 매달리게 합니다. 2. 다리를 움직여서 매달린 아이가 함께 움직이게 합니다. 3. 앉아서, 누워서, 다리를 걸어서 등 다양한 자세로 매달려 움직일 수 있게 해 줍니다.
몸놀이 + 언어놀이	• (몸놀이 요령을 알려 주며) "엄마 발목을 꼭 잡아야 해. 놓치지 말고 힘 줘서 꼭 잡아!" • (움직이면서) "자~ 이제 출발합니다. 준비하세요. 하나, 둘~ 출~바~알!" • (놀이하면서) "아빠가 더 빨리 간다. 꼭 잡아~ 슝~ 슝~"
몸놀이 플러스 팁	• 장판 같은 잘 끌리는 바닥에서 하면 훨씬 재미있고 좋습니다. • 매달린 아이 때문에 부모가 넘어질 수도 있으니 자세를 낮추고 긴장 감을 유지하며 놀이합니다. • 아이가 두 명이라면 양다리에 한 명씩 매달리게 해서 놀이해도 좋습 니다.

21

김밥 말이

연령 : 생후 12개월부터 전 연령 가능

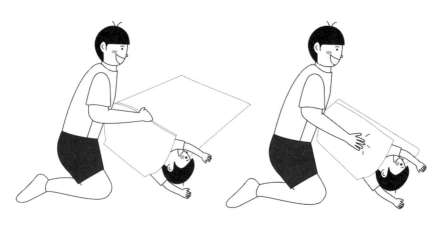

김밥 말기   꾹꾹 누르기

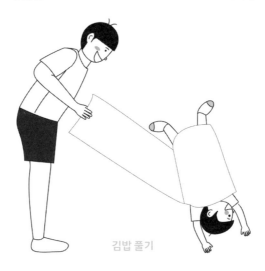

김밥 풀기

쑥쑥 크는 몸놀이 효과	· 신체 전반이 담요에 감싸지면 적절한 압박감이 느껴져서 몸과 마음 이 편안해집니다. · 옆으로 굴러 담요에서 빠져나갈 때 몸통과 팔다리가 연결되어 신체 인지, 감각 통합 등을 경험하게 됩니다.
몸놀이 방법	1. 담요나 기다란 천을 바닥에 깔고 아이를 담요 한쪽 끝에 차렷 자세로 눕힙니다. 2. 아이를 담요와 함께 굴리면서 아이 몸에 담요가 돌돌 잘 싸매지게 합 니다. 3. 꽁꽁 싸매진 아이의 몸을 꾹꾹 눌러 줍니다. 머리부터 발끝까지 구석 구석 만져 주고, 눌러 주고, 두드려 줍니다. 4. 담요 끝부분을 잡고 잡아당겨 아이 몸에서 담요가 풀어지며 아이가 데굴데굴 옆으로 구르게 합니다.
몸놀이 + 언어놀이	· (아이를 담요로 감싸 굴리면서) "김밥에 김밥! 둘둘 말이 김밥! 우리 OO 가 김밥이 됐네." · (누르고 주무르면서) "꾹! 꾹! 꾹! 꾹! 주물! 주물! 주물!" · (몸놀이를 마무리하면서) "자 이제 김밥 끝!"
몸놀이 플러스 팁	· 아이의 몸을 3번 이상 두를 수 있는 넉넉한 크기의 담요나 천을 준비 합니다. · 아이의 어깨부터 다리까지 넓게 접촉하는 것이 좋습니다. · 구르다 보면 바닥에 머리가 부딪칠 수 있으니 매트 위에서 합니다.

(22)

햄버거 놀이

연령 : 생후 24개월부터 전 연령 가능

마주 보고
엎드리기

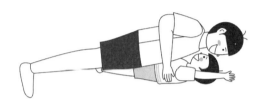

+ 모양으로
마주 보고 엎드리기

바닥 향해
엎드리기

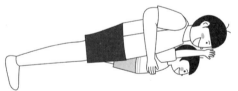

쑥쑥 크는
몸놀이
효과

- 부모의 몸을 통해 자신의 몸의 부피감을 알게 되고 앞뒤, 좌우의 입체적인 몸을 건강하게 인식하게 됩니다.
- 접촉을 통해 무게감과 압박감을 경험하며 감각 발달이 촉진됩니다.
- 복압이 증진되며 호흡이 길어지고 폐활량이 증가합니다.

느리고 서툰 아이 몸놀이가 정답이다

- 소화가 잘 되고 장 움직임이 활발해지는 등 내장 감각이 발달합니다.
- 몸에 힘을 주면 턱관절, 혀, 성대 등에도 함께 힘이 들어가 말할 때 힘을 줘서 움직여야 하는 기관들을 간접적으로 경험하게 됩니다. 즉, 조음기관의 예비 훈련을 돕는 과정이 됩니다.

몸놀이 방법	1. 아이를 바닥에 눕힌 뒤 몸통에 압박이 느껴지게 아이 몸 위에 눕습니다. 이때 아이의 가슴 쪽은 열어 주고, 등과 배 쪽이 맞닿게 합니다. 2. 몸을 접촉한 상태를 유지하면서 아이가 몸을 어떻게 사용하는지 관찰합니다. 3. 아이가 스스로 움직이고 자신의 힘을 적절히 사용하며 빠져나오게 놀이합니다.
몸놀이 + 언어놀이	• (아이 몸 위에 누워서) "우리 OO이가 밑의 빵! 엄마가 위의 빵! 햄버거가 됐네!" • (서로의 몸을 포개며 몸의 느낌을 매개로 소통) "어때? 엄마 무거워?" • (아이를 격려하며) "앞으로! 앞으로! 잘한다! 조금만 더! 탈출 성공!"
몸놀이 플러스 팁	• 아이의 움직임을 느끼면서 활동해야 하며 아이가 손을 쓰는지, 힘을 충분히 주는지 살펴야 합니다. 특히 몸통을 비트는지, 복부에 힘을 주는지, 상하좌우로 잘 움직이는지 관찰합니다. • 아이가 빠져나올 때 몸을 앞쪽으로 끌지 못하고 돌리기만 한다면 신체를 연결해서 팔로 끌어서 빠져나가게 유도해 줍니다. • 신체 접촉면은 넓게 하되 몸통(배와 등) 쪽에 압박감, 무게감을 주는 게 좋습니다.

한쪽 다리 들고 균형 잡기

연령 : 생후 18개월부터 전 연령 가능

의자 위에서 균형 잡기

손 잡고 균형 잡기

느리고 서툰 아이 몸놀이가 정답이다

쑥쑥 크는 몸놀이 효과	• 아이와 눈높이를 맞추며 서로의 눈을 마주 볼 수 있습니다. • 몸의 균형을 잡기 위해 몸의 감각에 집중하면서 시각 또는 청각 추구로부터 주의를 환기할 수 있습니다. • 균형을 잡기 위해 배에 힘을 주거나 손으로 부모를 잡으면서 복부 근력과 손의 악력이 좋아집니다.
몸놀이 방법	1. 아이를 소파나 의자에 올려 세운 다음 부모와 아이의 눈높이가 비슷해지도록 마주 섭니다. 2. 아이의 한쪽 다리를 구부린 뒤 무릎 뒤쪽을 잡고 다른 쪽 다리를 들게 합니다. 이때 아이는 몸의 균형을 잡기 위해 부모의 몸을 잡습니다. 3. 함께 균형을 잡으며 하나부터 열까지 센 뒤 다리를 내려놓습니다. 4. 다리를 바꿔서 한 번 더 실시합니다.
몸놀이 + 언어놀이	• (눈높이를 맞추고 서로를 보면서) "차렷! 열중쉬어! 차렷! 열중~쉬어!" • (한쪽 다리를 들고) "오~ 중심 잡아! 잘하네." (아이가 흔들리면) "흔들흔들 넘어진다~ 아, 쓰러진다~" • (다른 쪽 다리를 들고) "자~ 쓰러지지 않게! 하나 둘 셋 넷 다섯 여섯 일곱 여덟 아홉 열! 잘한다!"
몸놀이 플러스 팁	• 중심이 흐트러질 때 잡아 주거나 도와주지 말고 아이 스스로 균형을 잡게 합니다. • 처음에는 무릎을 낮게 시작해서 점점 높아지게 해도 좋습니다. 단, 다른 쪽 발이 지면에 꼭 닿아 있어야 합니다. • 아이가 균형 잡기보다 부모 몸에 올라타는 것을 더 좋아한다면, 아이가 팔을 뻗었을 때 부모 팔을 잡을 수 있는 거리를 유지합니다.

(24)

둥글게 둥글게

연령 : 생후 12개월부터 전 연령 가능

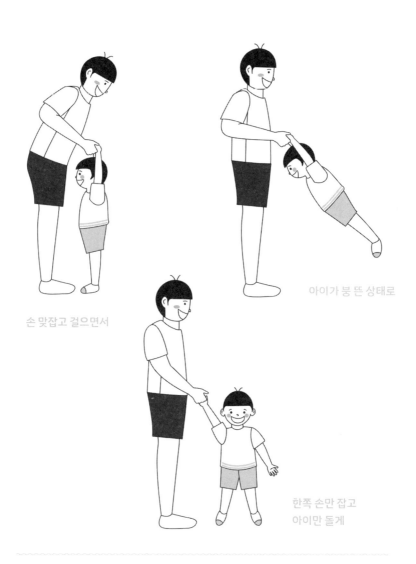

손 맞잡고 걸으면서

아이가 붕 뜬 상태로

한쪽 손만 잡고
아이만 돌게

느리고 서툰 아이 몸놀이가 정답이다

쑥쑥 크는 몸놀이 효과	· 회전 감각을 경험하고 이해하게 됩니다. · 부모와 함께 움직이면서 속도와 움직임 반경을 인지하게 됩니다. · 빙글빙글 돌면서 시각 추구를 하는 반복 행동 소거에 도움이 됩니다.
몸놀이 방법	1. 아이와 손을 맞잡고 오른쪽, 왼쪽으로 힘차게 함께 뛰며 돕니다. 2. 손잡고 돌다가 아이가 그 속도에 맞게 다리를 들면 원심력에 의해서 아이 몸이 붕 떠서 회전하게 됩니다. 3. 아이의 한 손을 잡고 왈츠를 추듯이 부모는 돌지 않고 아이만 뱅글뱅 글 돌게 합니다.
몸놀이 + 언어놀이	· (손잡고 돌면서) "오른쪽! 왼쪽! 다시 오른쪽~! 앞으로! 뒤로!" · (원을 크게 만들면서 큰 목소리로) "크게! 더 크게~" · (원을 작게 만들면서 작은 목소리로) "작게, 더 작게······." · (손잡고 신나게 움직이면서) "랄라라라랄 랄라랄~ 룰루랄라~"
몸놀이 플러스 팁	· 마주 보고 오른쪽, 왼쪽으로 가깝게 또는 멀게 도는 등 다양한 위치 와 방향으로 움직입니다. · 아이가 놀이하다가 금세 다른 곳으로 가 버리는 경우가 있습니다. 이 때는 아이 스스로 흥미를 느끼고 놀이에 참여하는 시간이 조금씩 늘 어나도록 재밌게 놀이를 유도해 주세요. · 아이와 같이 돌 때 너무 어지럽다면, 한 손만 잡고 왈츠 추듯 돌아도 좋습니다.

서울 구경

연령 : 생후 18개월부터 전 연령 가능

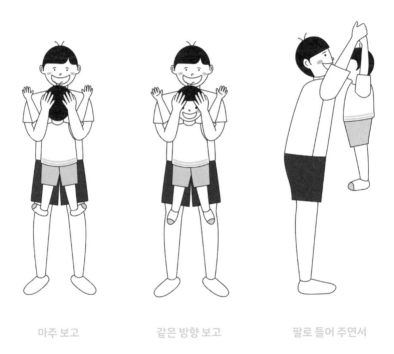

마주 보고   같은 방향 보고   팔로 들어 주면서

느리고 서툰 아이 몸놀이가 정답이다

쑥쑥 크는 몸놀이 효과	• 관절이 늘어나는 감각(고유 수용성 감각)을 경험합니다. • 신체 높이에 따라 달라지는 중력감을 느끼게 됩니다. • 목과 어깨, 허리 쪽 척추가 늘어나며 스트레칭이 되어 체형 교정에 도움이 됩니다.
몸놀이 방법	1. 손바닥으로 아이의 얼굴 양옆을 잡은 뒤 위쪽으로 천천히 들어 올립니 다. 이때 "간다~" 하면서 소리로 주의를 모은 뒤 천천히 올려 줍니다. 2. 마주 보고 한 뒤 같은 방향을 보고 한 번 더 실시합니다. 3. 아이의 손목이나 팔을 잡고 천천히 들어 올립니다. 아이가 부모 손을 잡는 것도 좋습니다.
몸놀이 + 언어놀이	• (몸놀이를 시작하면서) "아빠가 서울 구경시켜 줄게. 엄청 재밌어." • (아이를 들어 올리면서) "간다, 간다…… 올라간다~" • (아이를 제자리에 내리면서) "간다, 간다…… 내려간다~ 도착!"
몸놀이 플러스 팁	• 키에 비해 체중이 많이 나가는 아이에게는 이 몸놀이를 추천하지 않 습니다. • 처음부터 너무 높게 들어 올리지 말고 부드럽게 살살 시도해 주세요. • 연령에 따라 지속 시간과 움직이는 속도를 다르게 해 줍니다.

안경 만들기

연령 : 생후 3개월부터 전 연령 가능

동그라미 안경   세모 안경   네모 안경

하트 안경   망원경

느리고 서툰 아이 몸놀이가 정답이다

쑥쑥 크는 몸놀이 효과	• 눈 맞춤 경험이 늘어나면서 건강한 눈 맞춤이 가능해지고 비언어적 의사소통이 이뤄집니다. • 부모의 얼굴을 보고 표정을 살피면서 감정이 발달하고 공감 능력이 향상됩니다. • 시각 추구가 있는 아이들의 감각 조절을 돕고, 의미 있는 눈 맞춤을 할 수 있습니다.
몸놀이 방법	1. 편한 자리에서 아이와 밀착해 마주 앉습니다. 2. 아이와 눈을 맞추고 손으로 모양을 만들어 안경 쓴 것처럼 연출합니다. 동그라미 안경, 세모 안경, 네모 안경, 하트 안경, 망원경, 등 다양한 모 양을 만들어 봅니다. 3. 아이와 계속 눈을 마주치면서 재미나게 소통합니다.
몸놀이 + 언어놀이	• (모양에 따른 느낌을 나타내며) "동글동글 동그라미~ 뾰족뾰족 세모~ 사랑해~ 하트!" • (손 안경을 통해 눈을 맞추며) "오~ 엄마 봐봐. 엄마는 우리 OO 눈도 보 이고, 콧구멍도 보이네."
몸놀이 플러스 팁	• 아이가 돌아다니지 않게 겹쳐 앉은 상태에서 하는 게 좋습니다. • 장난감, 책, 불빛 나는 것 등 시각을 자극하는 것들을 모두 치우고 부 모에게만 집중할 수 있는 공간에서 놀이합니다. • 아이가 눈 맞춤을 낯설어해도 놀이 시간을 꾸준히 갖도록 합니다.

27

이색 달리기

: 무릎 세워 달리기, 오리걸음, 닭싸움 달리기, 말 타고 달리기,
엉덩이 끌어 달리기, 네 발 기기

연령 : 생후 12개월부터 전 연령 가능

무릎 세워 달리기

오리 걸음

느리고 서툰 아이 몸놀이가 정답이다

쑥쑥 크는 몸놀이 효과	• 몸을 활발히 움직여 속도감, 위치감을 적극적으로 수용하게 됩니다. • 관절을 다양하게 움직이고 자세에 따라 사용되는 근육이 다르기 때문에 집이라는 좁은 공간에서 효과적인 전신 활동을 할 수 있습니다. • 부모와 아이가 함께 움직이면서 자연스럽게 행동 모방이 촉진됩니다. • 관절을 굽혔다 펴고, 몸 전체를 쭈그리고 뻗으면서 고유 감각이 발달하고, 감각 통합이 됩니다.
몸놀이 방법	1. 무릎으로, 한 발로, 두 발 모아서, 엉덩이로, 네 발로 기어서, 포복으로, 뒤로 달립니다. 2. 익숙한 앞쪽 방향 대신 뒤나 옆으로도 이동합니다.
몸놀이 + 언어놀이	• (방향을 설명하며) "앞으로~ 하나둘! 뒤로! 뒤로! 꽃게처럼 옆으로!" • (움직임의 즐거움을 표현하며) "신난다! 재밌다! 좋다!" • (서로 속도를 견주며) "누가 더 빠르나~ 하나둘, 하나둘! 더 빨리빨리~"
몸놀이 플러스 팁	• 아이와 부모가 함께 움직이는 것이 중요합니다. 함께 움직여야 다양한 움직임에 관심을 갖고 몸 감각 탐색이 활발해집니다. • 아이가 새로운 자세로 움직이다가 일어나서 자리를 이탈할 수 있습니다. 이때 부모가 가까이에서 손이나 몸을 잡아 주면서 놀이합니다. • 뒤쪽, 아래쪽, 옆쪽으로 움직이는 경험을 늘리면 감각 통합에 더욱 좋습니다.

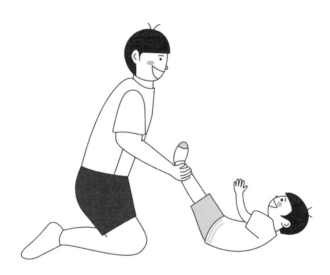

28

팽이 돌리기

연령 : 생후 18개월부터 전 연령 가능

쑥쑥 크는 몸놀이 효과	• 몸통이 좌우로 크게 움직이는 경험을 제공합니다. • 바닥에 누운 채로 회전하는 새로운 위치감을 경험하게 됩니다. • 누운 아이와 다리를 잡은 부모의 시선이 마주쳐 눈 맞춤 향상에 좋습니다. • 누워서 활동하기 때문에 자리를 이탈하지 않아 상호 작용 시간이 길어집니다.
몸놀이 방법	1. 아이를 바닥에 눕히고 두 손으로 아이 발목을 잡습니다. 2. 아이 다리를 잡고 이쪽저쪽으로 끌어 줍니다. 3. 아이 다리를 잘 잡고 좌우로 흔들흔들하다가 한쪽으로 휙 돌리면 아이 몸이 뱅그르르 회전하게 됩니다. 4. 오른쪽, 왼쪽으로 바꿔 가며 여러 번 실시합니다.
몸놀이 + 언어놀이	• (몸놀이를 시작하면서) "자! 이제 몸이 팽이처럼 뱅글뱅글 돌거야~" • (아이 몸을 돌려 주면서) "오른쪽으로 슝~ 돌았다~ 이번에는 반대쪽으로~ 와~ 또 돌았다~"
몸놀이 플러스 팁	• 아이의 몸이 더 잘 움직이도록 바닥이 미끄러운 곳에서 실시합니다. • 바닥에 찍히거나 긁힐 만한 것들을 모두 치웁니다. • 아이 다리를 몸통 쪽으로 모아서 돌리면 팽이처럼 훨씬 잘 돕니다.

29

물고기 헤엄치기

연령 : 생후 12개월부터 전 연령 가능

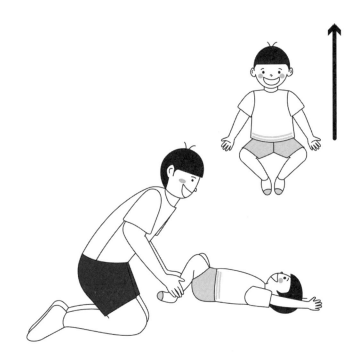

느리고 서툰 아이 몸놀이가 정답이다

쑥쑥 크는 몸놀이 효과	• 자신의 신체를 움직여 위로 이동하는 새로운 경험을 하게 됩니다. • 허벅지를 중심으로 다리 전체 근력이 향상됩니다. • 보이지 않는 방향으로 이동하며 몸 주위 감각을 폭넓게 쓰게 됩니다.
몸놀이 방법	1. 아이가 위를 보고 눕게 한 다음 다리를 구부려서 발목을 잡습니다. 2. 아이가 다리를 뻗어 물고기가 헤엄치듯이 방바닥을 가로질러 이동 하게 합니다.
몸놀이 + 언어놀이	• (방법을 설명하고 흥미를 돋우면서) "발에 힘을 주면 위로 슈~웅~ 움직 일 거야!" • (움직이는 아이를 보면서) "와~ 진짜 물고기처럼 움직인다! 파닥파닥 헤엄치는 것 같아."
몸놀이 플러스 팁	• 아이의 양말을 벗겨 맨발로 놀이하게 합니다. • 처음에는 아이 발목을 몇 번 잡아 주면서 요령을 터득하게 하고, 익 숙해지면 잡아 주지 않고 혼자 놀이하게 해 보세요. • 다리 힘이 부족한 아이라면 발을 잡아 준 상태에서 허벅지 쪽으로 꾹 꾹 눌러 주면 도움이 됩니다. • 이동하다가 머리가 부딪치지 않도록 주의합니다.

30

칭찬 도장 놀이

연령 : 생후 6개월부터 전 연령 가능

손바닥에
칭찬 도장 쾅쾅

손바닥에
반짝반짝 별그리기

손바닥에
사랑해 하트 그리기

쑥쑥 크는
몸놀이
효과

- 접촉을 통해 손의 감각들이 자극되고 감각 수용이 활발해집니다.
- 긍정적인 대인 관계 형성을 돕고, 일상에서 더욱 자신감 있고 능동적인 자세를 가지게 됩니다.
- 일부 감각 추구와 손 상동행동 소거, 소근육 발달에 도움이 됩니다.

느리고 서툰 아이 몸놀이가 정답이다

<table>
<tr>
<td>몸놀이
방법</td>
<td>

1. 칭찬할 만한 구체적인 일들을 떠올리고 아이에게 칭찬합니다.
2. 칭찬하며 아이 손바닥을 슥슥 문질러 준 다음 손바닥에 칭찬 도장을 찍어 줍니다. 칭친 도장은 부모의 손(주먹)입니다.
3. "참 잘했어요"라고 말하며 주먹으로 아이 손바닥에 쾅쾅 도장을 찍어 줍니다.
4. "정말 멋져. 최고야!"라고 말하며 아이 손바닥에 칭찬 별표 여러 개를 그려 줍니다.
5. "사랑해"라고 말하며 손바닥에 하트를 여러 번 그려 줍니다.
6. 반대로 아이가 부모에게 칭찬 도장을 찍게 해 봅니다.

</td>
</tr>
<tr>
<td>몸놀이
+
언어놀이</td>
<td>

• (다양한 소리와 강도로 칭찬 도장을 찍으면서) 쾅쾅쾅! 쿵쿵쿵!
• (별을 그리면서) "하나 둘 셋 넷 다섯! 반짝반짝 별이야~"
• (하트를 그리면서) "쓱~싹~ 스스슥! 많이 많이 사랑해~"

</td>
</tr>
<tr>
<td>몸놀이
플러스 팁</td>
<td>

• 손을 잡고 누를 때 아이가 그 접촉에 반응할 정도로 강도 있게 하는 게 좋습니다. 이때 아이가 자기 손을 보고 있어야 합니다.
• 부모의 마음이 잘 전달될 수 있게 말로 칭찬하고, 손으로도 연결되어 전달되게 접촉을 계속 이어 가야 합니다.

</td>
</tr>
</table>

31

화이팅 놀이

연령 : 생후 6개월부터 전 연령 가능

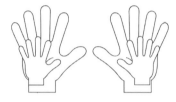

손 마주치기

주먹 치기

아래로 손 모았다가 위로 화이팅

쑥쑥 크는 몸놀이 효과	• 서로의 유쾌한 에너지를 나누고 놀이의 대한 의욕을 공유하며 몸놀이의 재미를 느끼게 됩니다. • 다른 사람의 온도, 악력, 손의 촉감 등 다양한 정보를 활발하게 받아들이게 됩니다. • 손의 움직임이 다양해지고, 손동작 모방이 활발해집니다.
몸놀이 방법	1. 하이파이브, 화이팅 등을 외치면서 아이를 향해 손을 들어 보입니다. 2. 서로의 손바닥을 짝! 하고 마주 칩니다. 3. 주먹을 쥐고 '톡' 마주 댑니다. 4. 서로의 손을 아래로 마주 모은 뒤 운동선수들이 모여 화이팅하듯이 "하나, 둘!" 구호와 함께 위로 올리면서 화이팅을 외칩니다. 5. 아이가 "하나, 둘, 셋!"을 외치면 힘차고 경쾌하게 화이팅을 외칩니다.
몸놀이 + 언어놀이	• (아이에게 손을 내밀며) "화이~" • (손바닥 마주칠 때) "팅!" • (소리 길이를 다양하게 유도) "화이팅! 화이~팅! 화이~~~~~~~팅!"
몸놀이 플러스 팁	• 아이의 손을 잡고 유쾌하게 시작합니다. • '화이팅' 모방을 유도할 때 다른 신체 부위가 접촉된 상태(접촉을 통해 상황에 대한 주의가 집중된 상태)에서 기다려 주는 게 중요합니다. (예: 한쪽 팔을 잡고 다른 쪽 손을 들면서 유도) • 온 가족이 같이 하거나 다른 아이의 가족들과 함께하면 더욱 재미있고, 아이에게도 유익합니다.

32

엄지 탑 쌓기

연령 : 생후 12개월부터 전 연령 가능

**쑥쑥 크는
몸놀이
효과**

· 엄지와 검지를 개별적으로 사용해 소근육 발달이 촉진됩니다.

· 엄지를 따로 사용하며 섬세한 손가락 모방 동작이 가능해집니다.

· 손과 손이 접촉하며 감각 수용이 활발해지고, 손 사용이 많아지면서
뇌 발달이 촉진됩니다.

· 엄지 탑을 쌓으며 위아래의 위치 개념이 생기고 인지 능력이 향상됩
니다.

몸놀이 방법	1. 엄지를 들면서 '최고'라고 말하며 사랑의 미소와 아낌없는 마음을 표현합니다.
	2. 아이도 엄지를 들어 올리게 하고, 부모는 그 엄지를 잡아 그 위에 또 엄지 손을 만듭니다.
	3. 엄지를 잡은 손의 엄지를 다른 손이 잡는 것을 반복해 엄지 탑을 만듭니다.
	4. 가장 아래 손을 빼서 다시 위로 올려 계속 서로의 엄지를 잡으며 위쪽으로 엄지 탑을 쌓습니다.

몸놀이 + 언어놀이	· (놀이를 설명하면서) "엄마 엄지손가락 잡아 줘! 이번에는 엄마가 OO이 엄지손가락을 잡을게~ 와~ 탑이 생겼네."
	· (놀이를 진행하면서) "계속 위로 올라가 보자. 높이 높이! 엄마 한 번! OO이 한 번!"

몸놀이 플러스 팁	· 아이의 엄지와 검지가 잘 분리되도록 엄지 검지 사이를 늘려 주듯 마사지하면서 시작합니다.
	· 아이의 손바닥 전체로 부모의 엄지를 잘 쥘 수 있게 합니다.
	· 여러 명이 같이 하면 엄지 탑도 더 높아지고 상호 작용도 더욱 풍성해집니다.

33

쭉쭉 팍팍 밀기

연령 : 생후 18개월부터 전 연령 가능

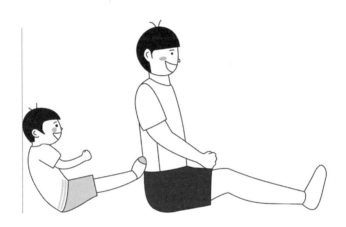

**쑥쑥 크는
몸놀이
효과**

- 벽과 부모의 몸 사이에서 신체 접촉 면적이 넓어집니다. 감각 자극이 되는 신체 부위가 넓기에 풍성한 감각 수용이 일어납니다.
- 접촉과 압박감을 경험하면서 몸의 감각 발달이 촉진됩니다.
- 벽에서 놀이가 진행되어 주변 시야가 차단되기 때문에 시각 자극 추구로 주의가 분산되지 않고, 놀이에 집중시키기 유리합니다.
- 자신의 힘을 써서 할 수 있는 일들에 대해 알아 가며 눈에 보이지 않는 힘을 이해하고, 몸 움직임에 대한 집중력이 향상됩니다.

몸놀이 방법	1. 아이가 벽에 등을 대고 앉게 한 다음 그 앞에 아이를 등에 대고 부모가 앉습니다.
	2. 아이가 손과 발을 사용해서 부모의 등을 밀두록 합니다.
	3. 아이가 벽을 보고 선 뒤 아이 뒤에 부모가 같이 섭니다.
	4. 벽 쪽으로 아이를 밀면서 아이가 팔로 자신의 몸을 벽으로부터 밀어내게 합니다.
	5. 아이가 벽에 등을 대고 선 다음 아이 앞에 부모가 등을 대고 섭니다.
	6. 아이가 손과 발로 부모 등을 밀어서 빠져나오게 합니다.

몸놀이 + 언어놀이	• (함께 힘을 주면서 힘줄 때 표정과 소리를 함께 제공) "으~윽! 힘내라 힘! 어~억! 크~헉!"
	• (힘을 쓰는 아이에게) "오~ 힘세다! 대단한데! 멋져!"

몸놀이 플러스 팁	• 몸에 긁힐 만한 것이 없는 안전한 벽에서 해야 합니다.
	• 아이가 살짝 민다고 바로 밀려나 주기보다는 아이가 조금 더 힘을 쓰고 신체를 조절해서 사용할 수 있도록 시간을 충분히 주는 게 좋습니다.
	• 아이가 손목과 발목을 힘 있게 잘 고정하고 있는지 살피면서 놀이합니다.

34

인디언밥

연령 : 생후 6개월부터 전 연령 가능

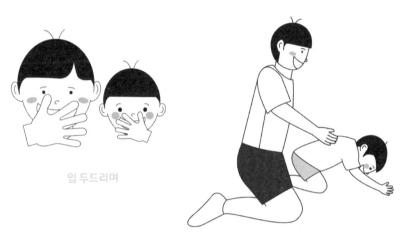

입 두드리며

등 두드리며

쑥쑥 크는 몸놀이 효과

· 진동감은 소리를 내는 신체기관을 서로 연결해 줍니다. 소리를 내면서 몸의 진동이 함께 더해지면 소리를 낼 때 연결되는 신체 부위가 확장되어 더 크고 웅장하고 건강한 발성이 가능해집니다.

· 입술 주변을 두드려 주면 입술 주변과 안면근육이 자극되면서 조음과 발음이 명료해집니다.

· 등을 두드려 주면 몸통 감각이 자극되어 내장 감각 발달에 매우 효과적입니다.

몸놀이 방법	1. 입 주변을 두드리며 길고 크게 인디언 소리를 냅니다. 소리의 높낮이, 크기, 굵기 등을 다양하게 연출하면서 흥겹게 소리를 냅니다. 2. 아이가 행동 모방을 하도록 아이 입술 주변을 함께 두드리며 유도합니다. 3. 입 대신 등을 두드려도 재미난 소리가 납니다. 가위바위보를 해 이긴 사람이 진 사람의 등을 두드려 줍니다. 서로 번갈아 가며 활동합니다.
몸놀이 + 언어놀이	• (입을 크게 벌리고 소리를 길게 내면서) "아바바바바바~" • (소리 크기를 작게 하다가 크게, 크게 하다가 작게, 소리의 억양을 높였다 낮췄다 하면서) "아아아아바바바~"
몸놀이 플러스 팁	• 아이가 처음에는 진동감 있는 접촉에 거부감을 보일 수 있으나 싫어서가 아니라 낯설어서 그런 것입니다. 지속적인 접촉을 통해 몸의 감각을 다양하게 경험하도록 도와주세요. • 평소 입술 주변 움직임이 적은 아이는 쉽게 입술이 건조해져서 활동 시 입술이 찢어질 수 있습니다. 입술 주변 움직임을 활성화해서 침이 잘 돌게 해야 합니다. • 등을 두드릴 때는 '동동동', '둥둥둥' 울리는 소리가 나게 두드려야 내장에 적절한 자극이 됩니다.

35

허리 튜브

연령 : 생후 24개월부터 전 연령 가능

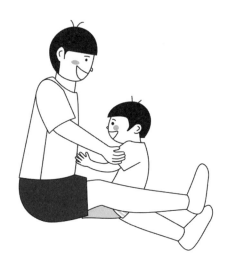

느리고 서툰 아이 몸놀이가 정답이다

쑥쑥 크는 몸놀이 효과	• 복압이 높아지고 균형적인 자세를 유지하는 근력이 향상됩니다. • 복부에 제공되는 압박감 때문에 호흡이 길어지고 발성이 커집니다. • 부모와 눈을 맞추며 활동하기에 비언어적 의사소통이 활발해집니다.
몸놀이 방법	1. 아이와 몸을 맞대고 가까이 앉은 다음 양다리를 벌려서 아이 허리와 배를 감쌉니다. 2. 다리를 좁혔다 넓혔다 하면서 아이 복부에 압박을 주었다 푸는 놀이 를 합니다. 3. 허리를 감싸고 있는 부모의 다리를 아이가 손으로 밀치고 몸을 움직 여서 빠져나오는 탈출 놀이를 합니다.
몸놀이 + 언어놀이	• (아이 몸에 다리를 감싸며) "엄마 다리 문이 철컥! 닫힙니다." • (아이가 충분히 힘을 쓰며 탈출할 때) "오~ 문이 열릴 것 같아요. 조금만 더더더~ 드디어 열렸습니다! 성공!"
몸놀이 플러스 팁	• 아이의 시선과 몸의 움직임을 잘 관찰하기 위해 아이 옆쪽에서 접촉 하며 활동합니다. • 아이가 충분히 몸에 힘을 쓰고 몸통을 회전해 빠져나오게 해 주세요. • 아이가 7세 이상이라면 역할을 바꿔서 아이가 부모의 허리를 감싸 놀이해 보세요.

36

씨름하기

연령 : 생후 24개월부터 전 연령 가능

느리고 서툰 아이 몸놀이가 정답이다

쑥쑥 크는 몸놀이 효과	• 신체 균형을 잘 유지하기 위해 온몸에 힘을 주게 되어 신체 전반의 감각 수용이 건강해집니다. • 넘이트리러는 상대방의 움직임을 아이가 온몸으로 탐색하면서 몸의 움직임에 대한 이해가 높아집니다. • 넘어졌다가 일어나는 경험을 하며 잘 안 넘어지려면 몸을 어떻게 조 절해야 하는지 터득하게 됩니다.
몸놀이 방법	1. 서로 마주 보고 몸을 맞대어 허리춤을 강하게 잡습니다. 2. 서로를 향해 힘을 주고 밀다가 다리를 걸어서 넘어트립니다. 3. 여러 번 씨름 경기를 하며 몸놀이를 즐깁니다.
몸놀이 + 언어놀이	• (힘을 주면 나는 소리를 내며) "으~윽! 어~억! 크~헉! 아~악!" • (서로를 쓰러트리려 하면서) "으라차차! 야~압!" • (넘어지면서) "아이쿠~ 꽈당!"
몸놀이 플러스 팁	• 모래판이나 넘어져도 안전한 곳에서 실시합니다. • 아이가 허벅지와 발목에 힘을 잘 주도록 부모의 신체 위치를 낮춰 줍 니다. • 자꾸 넘어져 봐야 안 넘어지는 법을 배웁니다. 아이가 몸을 역동적으 로 쓸 수 있게 놀이해 주세요.

37

높이 높이 발차기

연령 : 생후 24개월부터 전 연령 가능

쑥쑥 크는 몸놀이 효과	• 눈으로 확인한 위치에 맞게 신체를 올리고 움직이면서 시각 정보와 신체 위치 정보가 잘 연결되고 통합됩니다. • 키가 큰 부모의 몸을 적극적으로 탐색하면서 크기와 높이에 대한 인지 개념이 형성됩니다. • 팔다리의 움직임이 커지고, 그에 따라 관절의 회전 반경이 커지면서 감각 수용이 활발해집니다.
몸놀이 방법	1. 아이와 함께 일어선 뒤 아이 무릎 위치에 손을 대고 아이가 손을 차도록 유도합니다. 2. 손 높이를 점점 올려 아이가 발을 더 높게 차도록 합니다. 3. 이번에는 아이가 손으로 부모 손을 치도록 합니다. 두 발로 점프해서 손을 칠 수 있게 난이도를 조절합니다.
몸놀이 + 언어놀이	• (아이에게 손을 내밀며) "자! 여기 발로 차!" • (높이를 조금씩 올리며) "조금 더 높이! 그렇지! 뻥 차!" • (조금 더 어려운 높이에서) "더 높이~ 조금만 더! 할 수 있다! 아자~!"
몸놀이 플러스 팁	• 아이가 높이에 맞게 움직일 때마다 아낌없이 칭찬해 흥미를 높여 주어야 합니다. • 아이가 자꾸 다른 곳으로 이탈하려고 하면 한쪽 팔을 잡아 다른 곳으로 쉽게 이탈하지 않게 합니다. 접촉을 유지하면 더 오래 주의를 집중시킬 수 있습니다. • 간식이 있다면 간식 놀이로 해도 좋습니다. 단, 너무 자주 간식을 주는 것은 좋지 않습니다.

38

윗몸/뒷몸 일으키기

연령 : 생후 12개월부터 전 연령 가능

윗몸 일으키기

뒷몸 일으키기

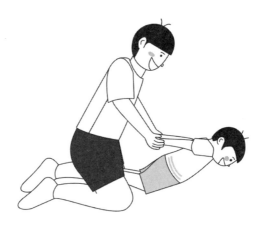

느리고 서툰 아이 몸놀이가 정답이다

쑥쑥 크는 몸놀이 효과	· 윗몸 일으키기를 하면 복부 근력이 향상되고 척추 주변 근육의 수축 과 이완이 반복적으로 활발하게 발생합니다. · 뒷몸 일으키기를 하면 목 뒤와 등 근력이 향상됩니다. 또한 척추가 늘어나면서 스트레칭을 할 수 있습니다. · 언어 발달에 필요한 호흡 조절이 원활해지고 성대가 더 단련됩니다.
몸놀이 방법	1. 아이를 바닥에 눕히고 아이 다리를 잡은 다음 부모가 무릎을 꿇고 앉습니다. 2. 아이가 윗몸 일으키기를 하도록 합니다. 이때 손은 잡아 주되, 자기 힘으로 일어나게 합니다. 3. 윗몸 일으키기를 10~20회 한 뒤 아이를 바닥에 엎드리게 합니다. 4. 아이의 상체가 뒤쪽으로 스트레칭 되도록 팔을 잡고 뒤쪽으로 천천 히 당겨 뒷몸 일으키기를 해 줍니다.
몸놀이 + 언어놀이	· (윗몸 일으키기 자세를 잡고) "자~ 올라오세요. 배에 힘 꽉! 그렇지! 잘 한다!" · (아이가 몸을 일으킨 상태에서) "와~ 엄마한테 왔네. 엄마랑 뽀뽀 쪽! 엄 마 머리 콩!"
몸놀이 플러스 팁	· 한두 번을 하더라도 아이 자신의 힘으로 올라오게 해야 합니다. · 어느 부위에 힘이 들어가는지 알 수 있게 배와 등을 눌러 주고 만져 주면서 활동을 유도합니다. · 하루 10회부터 시작해 연령에 따라 조금씩 개수를 늘려 가는 게 좋 습니다.

39

다리 스트레칭

연령 : 생후 12개월부터 전 연령 가능

다리 좌우 스트레칭

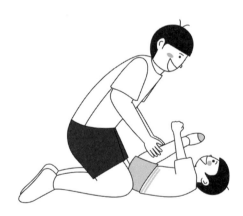

머리 위로 다리 스트레칭

쑥쑥 크는
몸놀이
효과
	• 힘줄이 당겨지고 관절이 늘어나는 감각을 이해하게 됩니다.
	• 관절에 자극을 주고 성장판이 열리게 도와주어 건강한 신체 발육이
	  이루어집니다.
	• 더 넓게, 더 크게, 더 구부려 움직이는 경험을 하며 뇌에 건강한 신체
	  지도가 형성됩니다.

몸놀이 방법	1. 기저귀 가는 자세로 아이를 눕힙니다. 2. 양손으로 아이의 두 다리를 잡고 상하좌우로 천천히 늘려 줍니다. 3. 두 다리를 동시에 들어 아이 머리 쪽으로 올려 바닥에 닿게 합니다.

몸놀이
+
언어놀이
	• (양쪽 다리를 잡고 움직이면서) "와 다리 길다~ 다리가 벌어집니다. 쭈
	  욱~ 더 벌어집니다. 쫘악~"
	• (방향과 느낌을 전달하면서) "위로 간다~ 옆으로! 반대로~ 다리가 당기
	  지? 길어지는 느낌이 나지?"

몸놀이
플러스 팁
	• 아이가 자신의 몸에 충분히 집중하고 있는지 시선과 표정, 몸짓을 관
	  찰하면서 몸놀이 해 주세요.
	• 빠르지 않게 천천히 시도해야 적절한 자극이 됩니다.
	• 너무 살살하면 충분한 자극을 줄 수 없습니다. 관절이 늘어나면서 힘
	  줄이 당겨지는 느낌을 충분히 경험할 수 있게 해 주세요.

40

손 마사지

연령 : 생후 6개월부터 전 연령 가능

엄지, 검지 마사지

손끝 마사지

손 관절 마사지

쑥쑥 크는
몸놀이
효과

· 제2의 뇌인 손을 자극해 두뇌 발달이 촉진됩니다.

· 손의 힘이 좋아지고 손가락 관절 움직임이 다양해집니다.

· 손의 감각을 느끼는 소근육 사용이 많아져 손의 기능이 향상됩니다.

· 손에 물건을 쥐고 있거나, 손을 털거나 흔드는 상동행동 소거에 효과

  적입니다.

몸놀이 방법	1. 엄지와 검지 사이를 힘 있게 주물러 줍니다.
	2. 손끝을 꾹꾹 눌러 줍니다(지그시 강하게, 한 번 누를 때 3~5초 유지).
	3. 손가락 마디마디 관절을 구부렸다 펴 줍니다.
	4. 손가락 마디마디를 손끝으로 꾹꾹 눌러 줍니다.
	5. 아이가 주먹을 쥐게 한 뒤 그 주먹을 엄마 손으로 감싸서 힘 있게 손을 꽉 쥡니다.
	6. 손가락 하나하나를 잡고 상하좌우로 회전하며 움직여 줍니다.
	7. 손가락 하나하나를 천천히 당겨서 스트레칭을 해 줍니다.
	8. 손끝으로 아이 손바닥을 힘 있게 꾹꾹 눌러 줍니다.
몸놀이 + 언어놀이	• (손을 꾹꾹 누르면서) "꾹꾹꾹꾹~"
	• (손가락을 늘려 주면서) "쭉쭉쭉쭉~"
	• (손가락을 돌리면서) "빙글빙글. 위로 아래로~"
	• (사랑하는 마음을 담아) "길쭉길쭉 손 정말 예쁘다. 오동통 귀여워!"
몸놀이 플러스 팁	• 언제 어디서나 쉽게 할 수 있으니 시간이 날 때마다 자주 해 주세요.
	• 아이가 5세 이상이라면 다른 사람에게 손 마사지를 해 주도록 유도 해 보세요.

"아이와 몸놀이 해 주세요." 20년 전부터 여러 부모님께 제가 늘 했던 말입니다. 수업 후 이어지는 상담 때마다 아이에게 몸놀이가 필요하다고 말씀드렸지만 말로는 힘이 부족했던 것 같습니다. 그 당시에는 아이와 몸놀이를 하는 부모님들은 얼마 되지 않았습니다.

'아이에게 몸놀이를 해 주면 분명 발달이 좋아질텐데.'
'몸놀이 하면서 실컷 놀아 주면 언어가 금방 트일텐데.'

답답했습니다. 그리고 절실했습니다. 부모와 아이가 몸놀이 하도록 만들고 싶었습니다. 아이에게 책이나 장난감을 쥐여 주는 대신 몸으로 신나게 놀아 주길 바랐습니다. 아이가 자신의 몸을 건강하게 쓰는 육아 문화가 형성되길 꿈꿨습니다.

저는 몸놀이를 하면 할수록 긍정적으로 변화하는 아이들을 보며 몸놀이의 힘을 강력히 느꼈고, 이것을 알릴 효과적인 방법과 수단을 찾기 시작했습니다. 돈이 들지 않고, 효과적으로 알리는 방법은 크게 두 가지였습니다. 글을 통해 알리는 것과 영상을 제작해서 유튜브에 올리는 것이었습니다.

그전까지는 한 번도 글 쓰는 삶을 꿈꿔 본 적이 없었습니다. 저는 사람들에게 주목받지 않는 아웃사이더의 삶에 익숙한 사람이었습니다. 누군가를 설득하는 말주변도 부족했고, 제 성격과도 참 안 맞았습니다. 그렇다고 돈을 들여 홍보나 마케팅을 하고 싶지는 않았습니다. 그럴 만한 돈도 없었습니다. 그래서 글을 써야겠다고 생각했습니다.

막상 글을 쓰려니 책을 많이 읽어야 했습니다. 저는 학생 때도 책 읽는 속도가 너무 느려서 국어 성적이 항상 불안했고, 독서는 학교에서 시험문제를 풀기 위한 것이 전부였습니다. 그런 제가 책을 읽기 시작했습니다. 손에서 책을 놓지 않고 시간 날 때마다 읽고 또 읽고, 끝없이 책을 읽었습니다. 그리고 매일 새벽에 일어나 부모님들과 공유할 칼럼을 쓰고, SNS에 올렸습니다.

책을 읽고 글을 쓰며 노력한 끝에 《오픈도어》와 《아이의 모든 것은 몸에서 시작된다》를 출간했습니다. 책을 출간하자 잡지와 라디

오 방송을 통해 몸놀이의 중요성을 알리는 기회가 생겼습니다. 이후 제 책과 방송을 접하고 몸놀이를 하기 시작했다는 여러 부모님을 만날 수 있었습니다.

책을 통해 이전보다는 많은 분에게 몸놀이의 중요성을 알렸지만, 기회가 된다면 더 많은 부모님에게 몸놀이의 효과를 알리고 싶었습니다. 며칠, 몇 달을 고민하던 저는 어렵게 유튜브를 시작했습니다. 얼굴을 드러내는 것을 극도로 싫어했고, 어렸을 때부터 아팠던 한쪽 눈이 콤플렉스여서 카메라 앞에 앉는 것조차 고역이었지만 용기 내서 조심스레 영상을 하나씩 올리기 시작했습니다. 그리고 그 영상들을 통해 관심을 받기 시작했습니다.

'몸놀이를 하니 아이가 좋아지는 게 보이는데 어떻게 더 놀아 주면 될까요?'
'매일 아이와 몸놀이 하고 있는데 말이 트이려면 무슨 놀이를 더 해야 할까요?'

매일 수많은 질문이 쏟아져 나왔습니다.

"아이가 좋아지지 않아서 정말 답답했는데 여기서 답을 얻게 되었습니다."
"어디에서도 아이 발달장애의 원인을 속 시원히 듣지 못했는데 이제 원인이 뭔지 알게 됐어요."

느리고 서툰 아이 몸놀이가 정답이다

"제가 아는 아기 엄마들에게 몸놀이 책과 영상을 다 보라고 추천했어요."

감사했습니다. 기뻤습니다. 꿈꿔 왔던 것들이 하나씩 이뤄짐에 가슴이 벅찼습니다. 그래서 또다시 책을 내야겠다고 생각했습니다. 8년 만에 늦둥이를 출산하며 한창 진통으로 고생할 때 조산사 선생님이 해 주신 말이 생각납니다. "말이 안 나올 만큼, 하늘이 노래질 만큼 아파야 아기가 나와요." 책을 출간할 때마다 출산과 비슷하다는 것을 느낍니다. 이미 두 권의 책을 냈고, 벌써 세 번째 책이니 수월할 거라 생각했습니다. 하지만 몇 번째 책이든 힘들고 고통스러운 시간을 충분히 거쳐야 책이 완성되는 것 같습니다.

이번 책을 집필하면서 며칠 밤을 지새웠습니다. 아이 젖먹이다가 출근하고, 아이 기저귀 갈다가 책을 썼습니다. 잠이 부족해서 머리가 띵할 때도 많았습니다. 계속 앉아서 집필하니 허리도 아프고 어깨와 등이 뻐근했습니다. 코로나19 때문에 쓰는 마스크 덕분인지 2년간 감기 한 번 걸리지 않았는데, 집필하면서 기침과 콧물이 멈추질 않았습니다.

이 책을 기획하고 출간하기까지 2년이 걸렸습니다. 원고를 붙들고 고민하며 머리를 쥐어뜯던 많은 날이 있었습니다. 그만큼 애쓰며 오래 기다린 만큼 기대가 됩니다. 이 책을 통해 몸놀이 하는 부모가 더 많아지고, 더 행복한 아이들이 많아질 거라 믿습니다.

아이들과 몸놀이 해야 하는 1만 가지의 이유가 아직 다 채워지진 않았습니다. 20퍼센트는 첫 책을 집필하면서 잘 정리가 되었고, 20퍼센트의 이유는 이번 책을 쓰면서 더 명백해졌습니다. 저는 몸놀이의 더 거대한 의미와 해야 하는 이유를 앞으로도 계속 찾아낼 것입니다. 오늘 더 아이와 몸놀이 하면서 찾고, 알리고, 전할 것입니다. 아이와 몸놀이 하는 부모가 더 많아질 때까지 계속해서 연구하고, 책 쓰며 정진하겠습니다.

누구보다 사랑하는 소중한 나의 아이들 이지안, 이지담 사랑합니다. 늦둥이 출산 후 육아에 적극 동참해 준 젊은 이빠 이얼 감사하고 사랑합니다. 집안일, 식사 준비에 신경 쓰지 않게 늘 배려해 주시고 저희 가족 모두 사랑으로 살펴 주시는 시부모님, 마음 깊이 감사하고 사랑합니다.

터치아이에서 매일 아이들과 몸놀이 하며 힘써 주시는 센터장님과 선생님들 진심으로 감사드립니다. 제가 집필에 집중할 수 있게 열거할 수 없는 많은 일을 멋지게 도맡아 준 본부 직원들과 본부장님 감사드립니다.

늘 보면 다가가고 싶고, 안아 주고 싶고, 재밌게 놀아 주고 싶은 아이들. 이 모든 것이 다 아이들 덕분입니다. 터치아이를 믿고 아이를 맡겨 주신 모든 부모님과 선생님들을 믿고 따라 주는 모든 아이에게 감사의 마음을 전합니다.

《4~7세보다 중요한 시기는 없습니다》, 이임숙, 카시오페아, 2021

《감각-놀라운 메커니즘》, ㈜아이뉴턴 편집부, 강금희, 이세영 옮김, ㈜아이뉴턴, 2016

《감정의 발견》, 마크 브래킷, 임지연 옮김, 북라이프, 2020

《놀라운 피부》, 덴다 미츠히로, 김우영 옮김, 동아엠앤비, 2015

《느끼고 아는 존재》, 안토니오 다마지오, 고현석 옮김, 박문호 감수, 흐름출판, 2021

《느끼는 뇌》, Joseph LeDoux, 최준식 옮김, 학지사 2006

《느낌의 진화》, 안토니오 다마지오, 임지원, 고현석 옮김, 박한선 감수, 아르테, 2019

《맨살로 키워라》, 토니 루스, 나이리 루스 공저, 김예녕, 이현정 공역, 배종우 감수, 맥스미디어, 2012

《몸, 뇌, 마음》, 주디스 러스틴, 노경선, 최슬기 옮김, 눈출판그룹, 2016

《바디 우리 몸 안내서》, 빌 브라이슨, 이한음 옮김, 까치글방, 2019

《생물학적 마음》, 앨런 재서노프, 권준수 해제, 권경준 옮김, 허지원 감수, 김영사, 2021

《스킨십의 심리학》, 필리스 데이비스, 한주연 옮김, 비책, 2013

《스피노자의 뇌》, 안토니오 다마지오, 임지원 옮김, 사이언스북스, 2007

《시냅스와 자아》, 조지프 르두, 강봉균 옮김, 동녘사이언스, 2005

《아이들을 놀게 하라》, 윌리엄 도일, 파시 살베리, 김정은 옮김, 호모루덴스, 2021

《아이의 모든 것은 몸에서 시작된다》, 김승언, 카시오페아, 2018

《애무, 만지지 않으면 사랑이 아니다》, 야마구치 하지메, 김정운 옮김, 프로네시스, 2007

《우리의 뇌는 어떻게 배우는가》, 스타니슬라스 드앤, 엄성수 옮김, 로크미디어, 2021

《움직임의 힘》, 켈리 맥고니걸, 박미경 옮김, 안드로메디안, 2020

《이토록 뜻밖의 뇌과학》, 리사 펠드먼 배럿, 변지영 옮김, 정재승 감수, 더퀘스트, 2021

《인간은 어떻게 서로를 공감하는가》 크리스티안 케이서스, 김잔디, 고은미 옮김, 바다출판사, 2018

《정서와 학습 그리고 뇌》, 메리 헬렌 이모디노-양, 황매향 옮김, 바수데바, 2019

《터치》, 데이비드 J. 린든, 김한영 옮김, 교보문고, 2018

《터칭》, 애슐리 몬터규, 최로미 옮김, 글항아리, 2017

《피부는 인생이다》, 몬티 라이먼, 제효영 옮김, 오가나 감수, 브론스테인, 2020

두뇌와 감각이 자라는 하루 30분 몸놀이의 기적

느리고 서툰 아이 몸놀이가 정답이다

초판 1쇄 발행 2022년 2월 25일
초판 6쇄 발행 2024년 12월 26일

지은이 김승언

대표 장선희 **총괄** 이영철
책임편집 한이슬 **기획편집** 현미나, 정시아, 오향림
디자인 양혜민, 최아영 **일러스트** 김예랑
마케팅 박보미, 유효주, 박예은
경영관리 전선애

펴낸곳 서사원 **출판등록** 제2023-000199호
주소 서울시 마포구 성암로 330 DMC첨단산업센터 713호
전화 02-898-8778 **팩스** 02-6008-1673
이메일 cr@seosawon.com
네이버 포스트 post.naver.com/seosawon
페이스북 www.facebook.com/seosawon
인스타그램 www.instagram.com/seosawon

ⓒ김승언, 2022

ISBN 979-11-6822-044-7 13590

서사원은 독자 여러분의 책에 관한 아이디어와 원고 투고를 설레는 마음으로 기다리고 있습니다.
책으로 엮기를 원하는 아이디어가 있는 분은 이메일 cr@seosawon.com으로 간단한 개요와 취지,
연락처 등을 보내주세요. 고민을 멈추고 실행해 보세요. 꿈이 이루어집니다.